그 자리에
식물 하나
있는 것만으로

소소
익선
1

그 자리에
식물 하나
있는 것만으로

식물전문점 **그린 인테리어** 지음

식물, 시들지 않고 건강하게 키우는 법

A to Z

즐거운상상

CONTENTS

PART 3
인기 식물을 소개합니다

PART 4
식물과 함께 살기 위한 기초 지식

들어가며

라이프 스타일이 다양해지고 있는 요즘, 집에서 시간을 보내는 방식과 사무실 환경도 조금씩 달라지고 있습니다. 그러면서 각자의 환경에 맞게 식물을 키우려는 분이 무척 늘었어요. 식물전문점 '그린 인테리어'를 운영하고 있는 저희로서는 식물을 사랑하는 분이 늘어나서 정말 기쁜 마음입니다.

식물을 키우면 좋은 점이 많아요. 그 중 가장 좋은 것은 풍성한 색채로 가득한 일상을 보낼 수 있다는 점이지요. 아침에 일어나면 "잘 잤니?", 외출했다가 돌아와서는 "잘 있었지?"라고 인사를 나누고, 쉬는 날에는 평소보다 많은 시간을 함께 보내며 생생한 변화를 즐길 수 있습니다. 새싹이 돋고 꽃이 피는 모습을 보며 사계절의 변화를 다채롭게 느낄 수 있지요. 조용하게 식물을 돌보는 평화로운 시간은 작은 호사처럼 느껴지기까지 합니다.

물론 식물은 생명체이므로 잘 키우려면 여러 가지 지식이 필요합니다. 하지만 포인트만 짚어두면 크게 걱정할 것이 없답니다. 반려식물과 함께하는 '식물 라이프'를 실천하고 있는 분들의 사례, 다양한 품종 소개와 함께 알아두면 좋은 '식물 잘 키우는 노하우'를 정리했습니다.

이 책이 조금 특별한 일상과 새로운 식물과의 만남으로 이어지기를 바랍니다.

식물전문점 '그린 인테리어' 운영자
사토 모모코, 모시모 요시히로

PART 1

가장 멋진 인테리어 식물

저희 '그린 인테리어' 매장에서 진행한 플랜테리어 실제 사례를 소개합니다. 다양한 집에서 싱싱하게 자라고 있는 식물들을 만나볼까요? 어떤 스타일로 식물을 장식했는지 구경하면서 식물과의 생활을 시작하기 전에 어떻게 꾸밀지 행복한 상상을 해보세요. 원하는 스타일을 꼭 찾을 수 있을 거예요.

ROOM_1

왜 이토록 GREEN이 좋을까

▸ 치바현 S 씨

단독 주택을 지으면서 집 안팎에서 키울 식물에 관해 상담을 의뢰한 S 씨의 집. 집 안 곳곳에 다양한 식물이 있어요. 매장을 여러 차례 직접 방문하여 조금씩 품종을 늘리고, 기르는 법을 익힌 S 씨. 이제는 식물이 가족의 라이프 워크(인생의 중요한 테마)가 되었다고 합니다.

높은 거실 천정과 어울리는 와일드한 특대 휘카스 이레굴라리스가 메인 트리입니다. 집안 인테리어와 잘 어우러지도록 시멘트 계열 화분을 베이스로 코디했습니다. 또 식물을 걸어두고 싶어 대들보를 띄워 둔 부분에는 무게가 있는 큰 식물도 걸었습니다.

(왼쪽부터) 박쥐란, 휘카스 이레굴라리스, 연필 선인장, 벤자민 고무나무.

네오레겔리아(위) 베고니아 마큘라타
(안쪽) 디키아(앞쪽 2개)

계단을 장식한 것은 립살리스 라무로사.
(Rhipsalis ramulosa)

대형 타베비아, 알로카시아, 드리세나 리플렉사의 뿌리 언저리를 고사리 등의 초본류 식물이 덮고 있어 정글 느낌을 물씬 풍기는 H 씨의 집. 식물마다 높낮이 차이를 두어 다양하게 배치했습니다.

커튼 대신 걸이식 화분에 심은 식물을 이용하여 시선을 가리는 것도 테크닉 중 하나. 밝은 2층 거실 창가에는 햇빛을 좋아하는 목본류와 선인장을 놓고 방 안쪽에는 약한 햇빛을 좋아하는 천남성과 식물을 두었습니다. 각각의 식물이 잘 자랄 수 있는 환경을 고려하여 적재적소에 배치한 것입니다. '여기 앉아서 식물들을 바라보며 술 한 잔 즐기는 것이 최고의 힐링'이라는 H 씨.

타베비아(좌) 옆으로 넓게 벌어져 있는 것이
대만 고무나무 판다(Ficus microcarpa Panda).
뿌리 언저리에는 고사리류와 스킨답서스.

ROOM_2

Welcome to the Jungle

▸ 도쿄도 H 씨

ROOM_3

가족과 함께 성장하는 GREEN

▸ 도쿄도 U 씨

부부와 어린 자녀, 개 2마리가 사는 시끌벅적한 U 씨 집. 장난꾸러기 아이들의 손이 닿지 않는 주방 카운터와 장식장을 중심으로 식물을 장식했습니다.

많은 고민 끝에 지은 단독 주택의 마무리는 인테리어에 관심이 많은 아내의 의견대로 식물로 정했다고 합니다. '식물을 키우는 것은 처음이지만 멋스럽고 튼튼하게 키우고 싶다'는 의견을 반영해서 비교적 관리하기 쉬운 품종으로 골라드렸습니다. 주방에서 식물들 너머로 보이는 가족의 모습은 행복 그 자체! 매일매일 식물을 돌보는 생활을 즐기고 있습니다.

오전 중에 햇빛이 잘 들어오는 현관에 산세베리아를 두었다.

ROOM_4

ROOM_5

ROOM_6

ROOM_7

GREEN으로 포인트를 준 인테리어

ROOM_4 ▸ 치바현 T 씨

창문으로 둘러싸인 밝고 넓은 다이닝. 두둥실한 느낌으로 크게 자라는 에버 프레시는 넓은 공간과 무척 잘 어울립니다. 화이트 및 우드와 궁합이 잘 맞는 그레이 워시 컬러의 화분 커버를 이용하여 인테리어에 자연스럽게 녹아들게 했습니다.

ROOM_5 ▸ 도쿄도 E 씨

파스텔 블루색 포인트 벽지와 잘 어울리는 상쾌한 연둣빛 쉐프렐라 치앙마이(Schefflera arboricolaChieng Mai)가 E 씨 집의 메인 트리. 대형 사이즈지만 천정까지 30cm 이상 여유가 있기 때문에 조금씩 변하면서 크게 자라는 가지의 형태를 즐기고 있습니다.

ROOM_6 ▸ 도쿄도 F 씨

잎을 좌우로 펼치며 자라는 주병 야자. 창과 TV 장 방향으로 잎이 자라도록 키웁니다. TV장 위에는 대만 고무나무(Ficus microcarpa)와 산세베리아. TV장 옆에 작은 화분을 놓아도 좋습니다.

ROOM_7 ▸ 도쿄도 K 씨

개성 넘치는 잎을 자랑하는 대표종인 몬스테라 델리시오사. 작은 화분에 심어 선반에 두는 것만으로도 큰 존재감을 자랑합니다. 기존 인테리어를 고려해서 고른 매트 골드 컬러 화분 커버가 잘 어울리네요. 거울에 비치는 모습이 사랑스럽습니다.

ROOM_8 ▸ 도쿄도 S 씨

선반 옆에 어울릴만한 안정된 느낌의 식물을 찾던 S 씨. 굵은 줄기가 와일드한 덕구리난이 생각했던 이미지와 딱 맞았습니다. 화분 커버는 커피 마대자루를 이용하여 캐주얼한 느낌으로. 세심하게 고민해서 커버를 고르는 것도 식물을 즐기는 방법의 하나입니다.

ROOM_9 ▸ 도쿄도 T 씨

공간이 밝아지는 산뜻한 얼룩이 멋스러운 파키라 밀키웨이의 잎사귀. 완만하게 구부러진 줄기가 개성있는 포인트. 깔끔한 인테리어에 독특한 식물의 조화가 무척 돋보이는 인상적인 다이닝입니다.

ROOM_8

ROOM_9

ROOM_10

인더스트리얼 속 생명의 숨결

▸ 치바현 S 씨

자연을 바라보며 생활할 수 있는 강가에 지은 집. 메인 트리부터 식물을 들이기 시작, 그 멋과 키우는 즐거움에 매료되어 어느새 식물로 둘러싸인 공간이 되었습니다. 마음이 움직이는 나무를 차분히 선택하면서 늘리고 있다고 합니다.

창이 많아 채광이 좋은 2층 거실에는 밝은 곳을 좋아하는 다육식물을 많이 배치. 작은 화분에 심은 진기한 식물은 남편의 취미. 인더스트리얼한 인테리어와 어우러지는 시멘트 화분에 옮겨 심어서 장식한 것이 포인트입니다.

(왼쪽부터) 가시없는 귀면각, 춘봉 선인장, 세로그라피카, 홍콩 야자나무.

(왼쪽부터) 와룡목(Alluaudia procera), 테프로칵투스 아르티쿨라투스 이너미스(Tephrocactus articulatus var. inermis), 데빌리스피나(Euphorbia debilispina), 기둥 선인장, 화이트 고스트 선인장.

(왼쪽부터) 트리코카울론(Trichocaulonannulatum), 부채선인장(Opuntia 2개), 유포르비아 호리다, 산세베리아(Sansevieria pinguicula), 아데니움(사자엽).

ROOM_11

Into the Woods

▸ 치바현 S 씨

식물로 빼곡한 창가가 생동감 넘치는 S 씨의 집. 천장에 매달 수 있는 부품을 활용해서 가벼운 식물을 걸어두었습니다. 걸이용 화분의 길이를 조절하여 식물 위치가 어긋나게 장식하는 것이 요령.

이렇게 하면 잎사귀들이 서로 겹치지 않아 통풍도 확보할 수 있어요. 어린 묘목일 때부터 기른 식물도 정성껏 관리해서 크고 멋지게 키우고 있는 S 씨. 식물에 대한 넘치는 애정이 느껴지는 집입니다.

ROOM_12

집에 대형 식물을 놓는다면 이렇게!

▸ 도쿄도 K 씨

'DAYTONA HOUSEx LDK'에서 건축 설계사로 일하는 K 씨. 무광 블랙 철골의 소재감이 남아있는 차고가 딸린 빌라의 메인 트리로 잎사귀가 큰 니콜라이 극락소화(Strelitzia nicolai) 특대 사이즈를 선택했습니다.

인테리어와 어우러지게 배치한 작은 화분과 걸이용 화분은 시간대에 따라 다르게 보여서 신선하다고 합니다. 플랜테리어를 멋스럽게 구현한 공간입니다.

ROOM_13

동물과 식물이 공존하는 집

▸ 도쿄도 S 씨

동물과 식물을 무척 좋아하는 S 씨. 식물과 반려동물을 돌보면서 생활하는 것이 라이프 워크. 매장을 직접 찾아다니며 부지런히 식물을 늘리고 있습니다.

일주일에 한 번, 한꺼번에 식물을 돌보는 시간이 정말 즐겁다며 싱글벙글. 반려견이 건드리지 못하도록 식물을 매끈한 도기 화분에 심어 스탠드에 올려놓았습니다. 양지바른 창가를 둘러싸듯이 장식한 걸이용 화분이 활기차 보이는 거실입니다.

ROOM_14

초록을 바라보며

▸ 도쿄도 A 씨

큰 창이 있는 다이닝에 식물을 두기 시작한 A 씨. 재택근무를 할 때는 이 다이닝에서 작업합니다. 주방에는 아내, 같은 테이블에는 아이들이 앉아 함께 하는 가족 모두의 평온하고 안락한 공간입니다.

ROOM_15

이것이 나의 해답

▸ 도쿄도 M 씨

부부 두 사람이 살기 적당한 집을 지으며 설계 단계부터 식물과 함께하는 것을 상상했던 M 씨. 이사 후, 소형부터 대형까지 부부가 함께 식물을 골라 집을 꾸몄습니다. 사진은 침실에 있는 작업 공간. 이곳에는 남편 취향의 식물들을 모아두었다고 합니다.

ROOM_16

그 자리에 식물 하나 있는 것만으로

▸ 도쿄도 O 씨

소파에 누우면 커다란 잎사귀가 몸을 덮어주는 것처럼 시야에 들어오는 리조트 같은 거실. 시크한 블랙 베이스의 모던한 인테리어에 윤기있는 진녹색 잎을 가진 니콜라이 극락조화(Strelitzia nicolai)가 잘 어울립니다.

ROOM_17

필요한 초록을 필요한 만큼

▸ 도쿄도 C 씨

잎이 동그랗게 말린 것이 특징인 바로크 벤자민을 사이드 테이블 위에 놓았습니다. 시멘트 소재의 화분 커버에 넣어 더욱 세련되어 보입니다. 마음에 드는 식물들을 조금씩 늘려가고 있다는 C 씨. 집에 놀러 온 친구들의 칭찬도 신나고, 식물을 키우는 것도 즐겁다고 합니다.

ROOM_18

일상과 식물 나와 너

▸ 사이타마현 사토 씨

'그린 인테리어' 매징의 짐징 사도 씨의 자댁. 일조량이 적은 거실에는 주로 응달에서도 잘 자라는 품종을 두고 볕이 잘 드는 2층의 식물과 자리를 바꿔가면서 즐기고 있습니다. 화분이 많으면 관리가 힘들지 않냐고 물어보는 사람이 많은데 회사를 다니면서도 스트레스 없이 기를 수 있도록 물 주는 빈도가 낮은 편인 수종을 선택했습니다. 최소 일주일에 한 번만 관리하면 잘 자라니까 안심입니다. 스툴과 선반을 이용해서 높낮이 차이를 주며 장식했습니다.

(왼쪽부터) 립살리스, 에스키난서스, 스킨답서스, 아글라오모르파(Aglaomorpha), 덕구리난, 립살리스, 몬스테라 아단소니 등.

(왼쪽부터) 송오브자메이카, 호야 카우다타, 바로크 벤자민, 유포르비아 플라티클라다, 화이트 고스트 선인장, 안스리움, 몬스테라, 칼라데아.

(왼쪽부터) 브리세아, 쿠바 오레가노(장미 허브), 파티오라즘.

(왼쪽부터) 벚꽃, 히야신스, 튤립 등 봄꽃들.

(왼쪽부터) 아이비, 선인장. 꽃꽂이와 드라이 플라워도 장식.

ROOM_19

내추럴 인테리어 정답은 GREEN

▸ 치바현 N 씨

단독 주택을 짓고 메인 및 서브 트리로 휘카스 두 종류를 키우기 시작, 기우는 게 익숙해질 무렵부터 침실과 현관 등으로 화분을 조금씩 늘려왔습니다. 계절감을 느낄 수 있는 꽃꽂이도 섞어가면서 매일매일의 생장과 계절의 변화를 식물을 통해서 즐기고 있다는 N 씨.

내추럴한 인테리어와 식물들이 어우러진 기분 좋은 공간입니다. 다른 식물들, 인테리어 소품과의 밸런스를 생각하면서 배치와 사이즈를 정합니다. 주방 작은 창에 놓은 조그마한 화분들이 무척 사랑스럽습니다.

PART 2

식물 고르는 법 & 장식하는 법

인테리어로서 식물을 기르려면 가장 먼저 '어떤 식물을 고를까', '어디에 둘까'를 정해야 합니다. 두 가지를 잘 생각해서 첫걸음을 내딛는 것이 '식물과 함께 하는 생활'을 위한 중요한 포인트입니다. 이 장에서는 첫 화분을 고르는 법과 장식하는 법을 알려드립니다. 식물을 구입하기 전에 읽어보고 나에게 맞는 식물을 찾아 보세요.

첫 번째 화분은 어떻게 정할까?

품종이 방대한 식물 중에서 마음에 드는 화분 하나를 고른다는 것은 쉽지 않은 일입니다.
우신 작은 화분부터 시작하겠다는 분도 많지만 오히려 사이즈가 크고 성숙한 나무가 기르기 쉽기 때문에
실패할 확률이 적답니다. 큰 화분을 골라보는 것은 어떨까요?
그럼, 첫 화분을 선택할 때 고려해야 할 세 가지 포인트를 알려드릴게요.

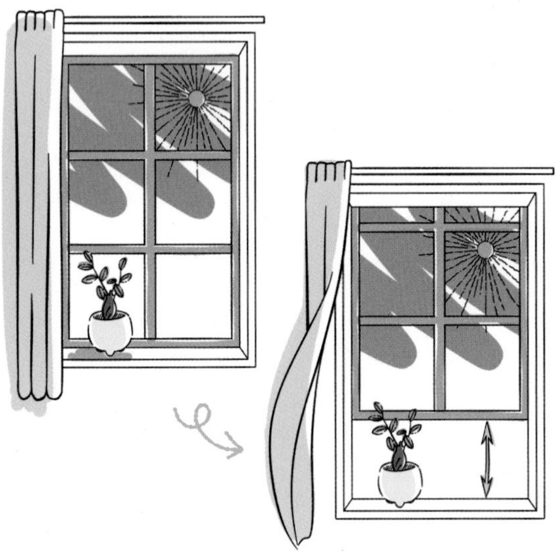

1 어디에 놓을 것인지를 먼저 생각하자

식물을 놓을 곳은 '태양광', '통풍', '10도 이상의 온도(아침과 저녁 제외)', '에어컨 바람이 직접 닿지 않는 곳'이라는 네 가지 조건을 반드시 충족시켜야 합니다. 거실이나 부엌, 침실 등 평소에 생활하는 시간이 긴 방이 여기에 해당되는 경우가 많으며 키우기 쉬운 환경입니다.

'태양광'은 식물이 살기 위한 에너지를 만들어내는 광합성에 꼭 필요한 조건. '통풍'은 새순의 촉진 및 건강한 생장과 해충 예방을 위해서 필수입니다. 또한 관엽식물의 원산지는 고온다습한 환경이 많기 때문에 실외나 추운 장소에서는 제대로 자라지 못합니다. 또 에어컨 바람은 극단적인 온도차와 건조로 잎을 손상시키므로 반드시 피해야 합니다.

그럼, 이제 집 안을 둘러보세요. 내가 식물을 놓고 싶은 장소가 식물에게도 적합한 곳인지 확인하는 것입니다. 만약 이미 가구 등이 놓여있다면 과감하게 가구 배치를 바꿔서 이상적인 장소를 만드는 것도 추천합니다.

2 '나무 같은' 목본류와 '잎사귀 같은' 초본류

식물은 겉모습에 따라 유형을 나눌 수 있어요. 굵은 가지에 잎이 달려있는 '나무 같은' 타입의 목본류, 잎과 줄기가 메인인 '잎사귀 같은' 초본류와 그리고 다육식물이 있습니다. 어떤 모습의 식물을 원하는지 정한 다음에 고르면 수많은 식물 중에서 선택이 한결 더 쉬워집니다.

3 키우기 쉬운 품종을 고른다

'물을 주는 빈도가 낮다', '어디선가 들어 본 적이 있다'가 키워드. 귀에 익숙한 식물은 오랫동안 적응한 품종이므로 튼튼한 것이 많습니다. 예를 들면 고무나무, 파키라, 드라세나 등.

나만의 한 그루, 심벌 트리를 고르자

대형 식물은 성숙한 개체가 많아 튼튼하고 기르기 쉽다는 장점이 있습니다.
다시 말해, 어떤 품종을 선택할지 외형만 보고도 판단할 수 있다는 것.
집 안에서 기를 것인지 베란다 등 밖에서인지, 집 안이라면 어느 곳에 어떤 식물을 둘지.
즐겁게 상상하면서 나만의 한 그루를 선택해보세요.

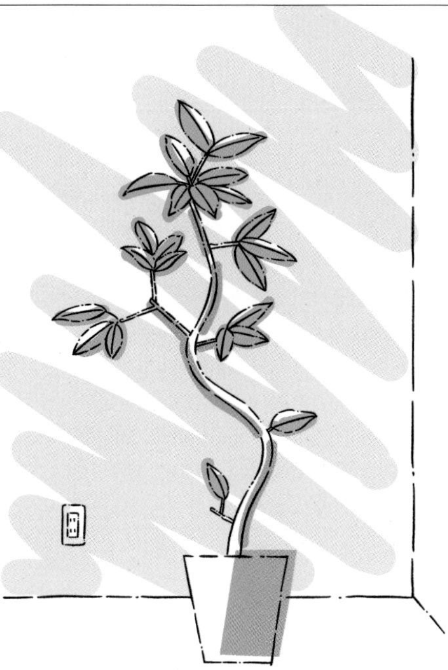

1 어떤 식물이 있을까?

심벌 트리(Symbol tree)로 키울 150cm 이상의 대형 식물은 줄기가 굵고 기근(땅에 노출되어 있는 뿌리)이 늠름하게 드러나 있는 것, 잎이 크고 벌어지는 것 등 원산지의 모습이 연상되는 존재감 있는 개체가 있습니다.

벵갈 고무나무, 움벨라타 고무나무, 벤자민 등 키우기 쉬운 품종이 많은 휘카스류는 초보자부터 상급자까지 모두에게 인기가 있어요. 구부러지거나 흘러내리는 모양(P.30 참조) 등 다양한 수형(종류나 환경에 따른 특징을 지닌 나무의 모양) 중에서 고를 수 있습니다. 또 빵나무, 시나몬처럼 작은 화분으로는 유통되지 않는 품종도 있습니다. 드라세나, 홍콩야자나무 등 거친 줄기나 색다른 수형을 즐길 수 있는 품종, 잎이 크게 벌어진 야자류나 극락조화 등은 대형에서만 맛볼 수 있는 근사한 멋이 있습니다.

목질화(식물의 세포벽에 리그닌이 축적되어 단단한 목질을 이루는 현상)됐거나 뿌리가 흙 위로 드러난 몬스테라나 선인장 등도 많은 사랑을 받고 있습니다. 각각의 개성을 자랑하는 대형 사이즈 화분 중에서 나의 취향 하나를 찾는 것이 묘미입니다.

2 슬림? 볼륨?

집 안에서 걸리적거리지 않도록 슬림한 수형을 고르는 것도 좋지만 아예 볼륨이 있는 수형을 골라보는 것도 좋습니다. 소파 주변이나 리빙 다이닝 중앙에 두면 볼륨있는 식물의 존재감을 더 멋지게 연출할 수 있어요.

3 신진대사를 촉진시키며 키우자

생장기인 봄부터 여름에 오래된 잎과 뻗은 가지를 가지치기(P.136 참조)하여 신진대사를 촉진합니다. 가지치기를 하지 않고 키우면 새싹이 잘 돋지 않거나 수형이 헝클어지면서 볼품없어집니다. 가지치기로 수형을 다듬어 튼튼한 새순이 나오도록 하는 것이 포인트.

CHOICE

작은 식물은 과감하게

대형 식물에 비해 소형 식물은 독특한 모양으로 과감하게 골라도 인데리어에 무리없이 잘 어울리는 장점이 있습니다.
하지만 화분이 작다는 것은 식물에게는 무척 가혹한 조건입니다.
세심하게 돌보는 것이 오래 즐기기 위한 비결입니다.

1 어떤 식물이 있을까?

작은 크기의 식물은 종류가 풍부합니다. 스테디셀러인 품종부터 구하기 어려운 희귀 품종, 재미있는 형태인 것 등을 쉽게 즐길 수 있습니다. 대만 고무나무나 푸미라 등의 휘카스류나 홍콩야자, 파키라 등 목본류가 흔히 볼 수 있는 품종입니다.

초본류로는 스킨답서스, 페페로미아, 칼라데아 등이 인기입니다. 다육식물로는 선인장과 산세베리아, 하월시아, 유포르비아를 시작으로 개성적인 품종이 많습니다.

다육계열은 품종량이 무척 많으므로 다양하게 수집하는 것도 좋습니다. 개성적인 잎무늬와 형태라도 크기가 작기 때문에 인테리어로 과감하게 도전할 수 있는 것이 매력입니다. 또 작은 사이즈는 종자에서 발아시킨 실생묘목이 유통되는 경우도 있습니다. 실생묘목은 그 식물의 개성이 잘 드러나며 튼튼하게 자랍니다.

2 작은 식물을 잘 키우려면

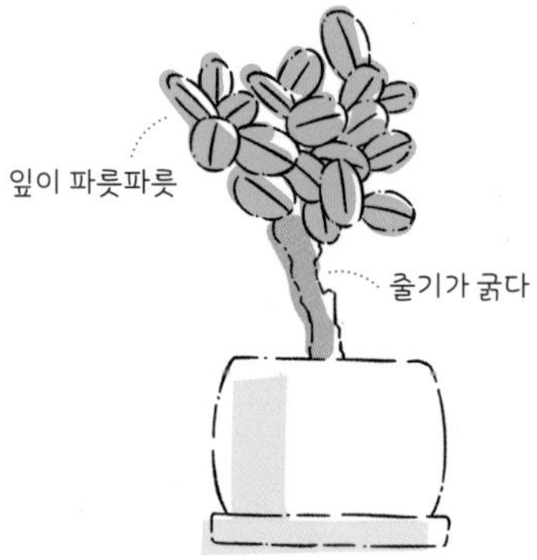

일단 그루터기가 단단하고 굵은 개체를 고르세요. 작은 화분은 인간으로 치면 아직 어린 아이입니다. 큰 사이즈에 비해 체력이 많이 떨어지므로 가능한 좋은 묘목을 고르는 것이 중요해요. 부지런히 관찰하면서 상태 변화를 놓치지 않는 것도 포인트입니다.

3 세심한 물 주기가 중요!

작은 화분은 흙이 금방 마르므로 물 부족에 주의합니다. 선반 위나 걸이용 화분 등 물 주기가 까다로운 장소에는 건조를 좋아하는 품종을 심어보세요. 주방이나 세면실 등 물을 주기 편한 장소에는 물을 좋아하는 품종을 두면 관리하기 쉽습니다.

CHOICE

개성넘치는 다육 식물을 수집해보자

다육 식물은 특성상, 화분 외에도 머그컵이나 깊이가 있는 접시 등에 심는 것이 가능하므로 인테리어로 장식하기에 딱 좋습니다. 또 크기와 형태가 무척 다양합니다.
수수한 것도 있지만 존재감이 넘치는 것도 있어요.
취미로 희귀종을 수집하는 분도 많답니다.

1 도대체 다육식물이란 무엇인가?

줄기나 잎에 물을 저장할 수 있는 식물을 다육식물이라고 부릅니다. '다육 = 수분이 많다'라는 의미로 줄기와 잎이 두툼하고 볼록한 것이 특징입니다. 글자 그대로 '살찐 식물'로도 쓸 수 있습니다. 우기와 건기가 확실한 곳에서 자라는 것이 많아 비가 적은 건기에 살아남기 위해서 몸 속에 수분을 축적하게 된 것으로 추정됩니다.

물 주는 빈도가 낮고, 키우기 쉬운 식물로 인기가 많습니다. 다육식물은 선인장과 그 외 다육식물로 구분되는 경우가 많은데 소형 선인장은 마트나 균일가숍에서도 쉽게 볼 수 있습니다.

대형종도 가시가 없는 기둥 모양의 품종이나 공 모양 등 다양합니다. 알로에와 에케베리아 등이 있는데 이 밖에도 수많은 과와 품종이 있으며 다양한 형태의 다육식물을 판매하고 있습니다. 거의 날마다 새로운 원예품종이 생산되며 수집가가 많은 식물이기도 합니다.

2 밝고 따뜻한 곳에 두자

집 안에서 가장 밝고 따뜻한 장소에 둡니다. 밖으로 튀어나온 출창이나 선반 안에 장식할 때는 공기의 흐름이 없어 식물이 상할 수 있으므로 정기적으로 바람을 쐬어줍니다. 추위에 약한 종도 있으므로 겨울철에는 한기에 노출되지 않도록 주의합니다.

3 다육이 물 주는 법

아무리 건조에 강하다고 해도 흙이 말랐을 때 물을 주지 않으면 시들어버립니다. 일주일에 한 번은 흙을 확인하여 말랐으면 물을 줍니다. 식물이 상하지 않도록 한여름에는 서늘해지는 저녁 시간에, 한겨울에는 상온에서 조금 적다싶게 물을 줍니다.

CHOICE

나에게 맞는 식물을 고르자

식물을 키우기만 하면 시들어버린다는 분이 적지 않습니다.
그건 어쩌면 키우는 사람과 식물의 궁합이 맞지 않았기 때문일지도 모릅니다.
화분이라는 한정되고 가혹한 공간에서 키우는 식물은 돌보지 않으면 당연히 시듭니다.
무리하지 않고 키우려면 자신의 라이프 스타일과 맞는 식물을 고르는 것도 중요한 포인트입니다.

1 라이프 스타일에 맞춘다

어렵게 만난 식물을 시들지 않게 잘 키워 오래오래 함께 할 수 있다면 얼마나 좋을까요. 하지만 잘 키우려고 너무 세심한 주의를 기울여야 한다면 스트레스가 됩니다.

식물을 고를 때 자신의 라이프 스타일과 맞는 것을 고르면 무리하지 않고 관리할 수 있고 식물도 잘 자랍니다. 예를 들어 아침에 일찍 일어나서 활동하는 스타일이라면 양치류를 추천. 자주 물을 주고 부지런히 분무해줘야 하므로 이것을 아침 일과에 넣으면 기분 좋게 하루를 시작할 수 있습니다.

출장 등으로 집을 자주 비우는 분이라면 물을 오래 머금고 있는 목본류나 다육식물이 좋겠지요. 교대근무 등으로 아침에 커튼을 닫고 수면을 취해야 한다면 내음성 있는 몬스테라 등의 목본류 품종이 안심입니다. 집에서 보내는 시간이 많은 분은 하루종일 잎을 펼치고 있는 에버 프레시나 칼라데아 등을 고르면 즐거움이 커지겠지요.

2 자신의 성격과 맞는 것을 고른다

귀차니스트라면 물이 줄어든 것이 눈으로 바로 확인되는 수경재배가 좋습니다. 정성껏 관리하는 것을 즐기는 분이라면 잎사귀 수가 많은 목본류나 잎이 큰 초본류를 추천합니다. 잎을 닦아주고 잎자루를 떼어줘야 하는 등 돌보아야 할 것이 많거든요.

3 마음에 드는 식물을 고르는 것이 중요하다

'겉 모양이 내 취향이다'는 사실은 아주 중요. 애착이 생기지 않으면 흥미를 느끼지 못하기 때문에 식물의 상태 변화에 둔감해지고 그 결과, 시들게 됩니다. 좋아하는 것에는 자꾸 시선이 가기 때문에 변화를 금방 알아차릴 수 있습니다. 그래서 적절한 대처가 가능하므로 오랫동안 건강한 상태로 키울 수 있습니다.

CHOICE

심을 토양 종류를 선택한다

식물을 기를 때 반드시 필요한 것이 토양입니다.
토양에도 종류가 많습니다.
흙을 직접 만지는 것이 서툴다, 벌레가 달라붙는 것이 싫다 등
다양한 니즈를 충족하는 토양이 있으므로 자신에게 맞는 것을 골라보세요.

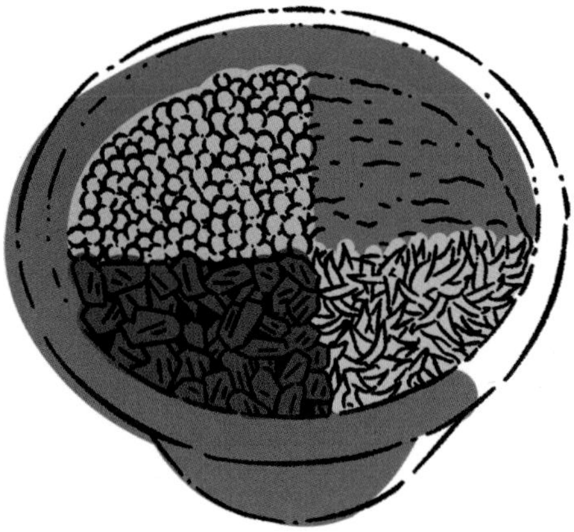

1 토양 종류는 어느 정도 있나?

흙, 물이끼, 스펀지, 우드칩을 가공한 원예용 흙에 컬러 소일, 숯 등이 대표적인 소재이고, 이 외에도 많은 종류가 있습니다.

가장 일반적인 것은 역시 흙입니다. 흙은 무거운 줄기나 잎을 지탱하는데 적당하여 1m가 넘는 식물은 대부분 흙을 사용합니다. 시판용 흙에는 유기물이나 비료 성분이 포함되어 있어 생육에 필요한 양분과 물을 듬뿍 저장하고 있습니다. 또 흙 속의 온도는 공기 중보다 천천히 변화하므로 계절별 온도 변화에 따른 스트레스도 적습니다.

컬러 소일이나 숯은 모든 수경재배에 사용됩니다. 생장 속도는 흙보다 늦지만 무기물이므로 벌레 발생이 억제되며 물 주기 타이밍을 알기 쉬워서 인기가 있습니다. 요즘에는 흙과 같은 영양분을 포함한 경량 스펀지형 소재가 개발되는 등 더 다양한 토양 중에서 선택할 수 있습니다.

2 벌레가 잘 생기지 않는 소재가 있다

뿌리파리나 톡토기 등 화분 속에서 생기는 벌레는 영양분이 있는 곳을 좋아합니다. 무기물인 물이끼나 컬러 소일 등은 벌레가 잘 생기지 않는 환경입니다. 벌레를 싫어하는 분은 이런 소재를 선택하는 것을 추천합니다.

3 보이게 장식할 수 있는 소재를 고른다

수경재배로 키우는 무기물 소재는 식물에 어울리는 색과 형태로 되어있기 때문에 인테리어에 적당한 것이 많습니다. 투명한 유리 등에 넣어서 소재가 보이도록 장식하거나 물만으로 관리하며 뿌리가 보이게 장식해도 멋스럽습니다.

CHOICE

나무의 수형과 엽형부터 선택한다

식물에는 많은 수형과 엽형이 존재합니다. 예를 들면 자연스러운 형태를 살린 '자연수형'과
인위적으로 구부려서 만든 '구부러진 수형'은 느낌이 완전히 다릅니다. 식물을 인테리어로 이용할 때 수형은 중요한 포인트.
또한 잎 모양도 다양하므로 장식했을 때의 분위기를 상상하면서 품종을 선택합니다.

수형의 종류와 특징

수형의 종류는 다양한 특징이 있습니다. 생산자가 가지와 잎의 유인과 가지치기를 통해
만든 수형이 있는데 대표적인 것을 소개합니다.

자연수형

▲ 무늬 바로크 벤자민

목본류의 이른바 '나무같은' 수형. 수형이 크게 흐트러지지 않으며 2년에 한번 정도 길게 자란 가지와 잎을 가지치기합니다.

구부러진 수형

▲ 무늬 알티시마 고무나무

줄기가 S자나 나선형으로 구부러져 있는 수형. 주줄기에서 뻗어나온 주위의 가지와 잎이 생장합니다. 자연수형과 같은 관리가 필요.

흘러내리는 수형

▲ 쉐프렐라 치앙마이

줄기를 옆으로 흐르게 만들어 낸 수형. 위쪽이나 옆으로 튀어나온 가지와 잎을 가지치기하면서 키우면 수형을 유지할 수 있습니다.

파라솔 형

▲ 파키라

나무 위쪽에 잎을 집중시켜서 만든 수형. 너무 퍼졌거나 지나치게 자랐을 때 가지치기를 해줍니다. 이후, 새로운 잎이 나오면서 수형이 정돈됩니다.

직립형

▲ 드라세나 레몬라임

폭이 없이 슬림하게 똑바로 자라는 수형. 드라세나류는 볼륨이 생기면 아랫잎을 떼고 너무 빽빽한 줄기는 잘라버립니다.

분수형

▲ 스파티필름

그루터기 부분부터 많은 잎이 나와 폭신한 느낌의 수형. 포기가 커지면 한 둘레 더 큰 화분으로 분갈이를 해줍니다.

부채형

▲ 니콜라이 극락조화

그루터기부터 잎이 넓게 퍼져 있는 수형. 넓게 펼쳐지기 때문에 튀어나온 바깥쪽 잎을 밑동부터 자르면서 키웁니다.

처짐형

▲ 에스키난서스 타이핑크

포복성(땅을 기는 성질) 및 덩굴성이 있는 식물로 잎이 화분 아래로 늘어지듯이 자라는 수형. 너무 많이 자라면 가지치기합니다.

엽형의 종류와 특징

잎의 모양에도 다양한 종류가 있습니다. 과나 속이 같은 식물은 잎 모양도 비슷한 경우가 많으므로 엽형부터 선택하면 원하는 수종으로 압축할 수 있어요.

원형

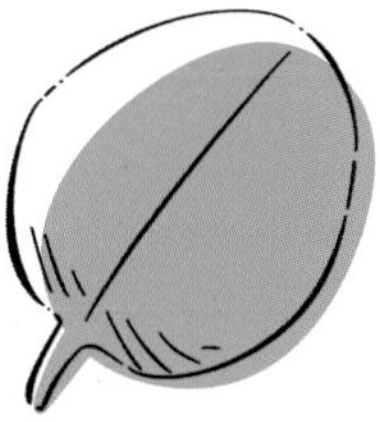

동그랗고 귀여운 모양. 소형 품종이 많아 다루기 쉽습니다. 눈높이 정도의 높이로 장식하면 잎의 모양을 더욱 즐길 수 있어요.

타원형

목본류에서 많이 볼 수 있는 잎 모양으로 사이즈가 큼지막하고 존재감이 있습니다. 잎사귀들이 겹쳐지기 시작하면 솎아내듯이 가지치기해주세요.

달걀형

휘카스류(고무나무류) 등에 많은 잎 모양으로 자연스러운 느낌을 줍니다. 잎의 크기는 작은 것부터 큰 것까지 다양합니다.

피침형

초본류 등 큰 잎을 가진 식물의 잎 모양에서 자주 볼 수 있습니다. 수종에 따라 잎의 모양과 색감이 크게 차이가 납니다.

침 · 선형

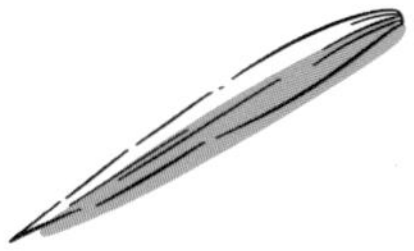

폭이 좁은 길쭉한 잎 모양이 특징으로 야자류나 일부 목본류의 세엽품종 등이 있습니다. 섬세한 잎이 모여서 나긋나긋한 모습.

검형(칼 모양)

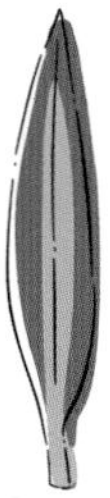

검처럼 긴 잎이며 침·선형보다 잎에 폭과 두께가 있습니다. 백합과 등에 많은 잎 모양입니다.

손바닥형

사람 손바닥 모양과 닮았습니다. 쉐프렐라류나 파키라 등에서 볼 수 있으며 가지에 많은 잎이 달리며 볼륨이 생깁니다.

하트형

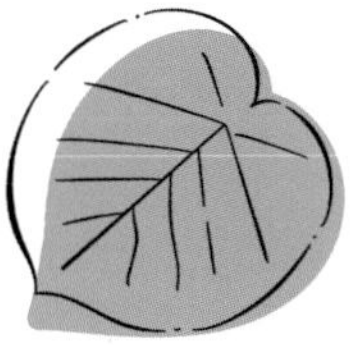

하트 모양을 한 잎으로 천남성과나 휘카스류 등의 식물이 있습니다. 잎이 겹쳐지거나 벌어지면 가지치기를 해줍니다.

화살형

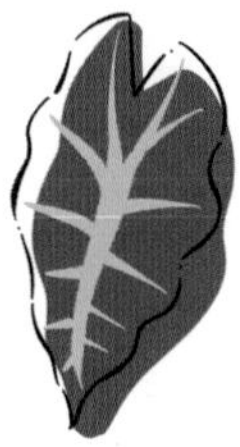

천남성과 등의 초목류 식물에 많으며 로제트 상태의 두둥실한 수형으로 자랍니다. 잎 색깔과 잎자루의 종류가 풍부합니다.

※ 로제트 : 매우 짧은 줄기에서 잎 여러장이 땅에 붙어 방사형으로 펼쳐진 상태.

개성파형

크게 칼집이 나 있거나 독특한 모양의 개성적인 잎을 가진 수종. 인테리어 소품으로 활용도가 높아 인기입니다

식물과 어울리는 화분을 고르자

식물을 인테리어로 즐기려면 화분이나 화분 커버의 존재감도 중요한 포인트입니다.
다양한 화분이 있으므로 얼마나 그 식물에 어울리는 화분인지를 고민하면서 고르는 것이 중요합니다.

1 화분에 대한 생각

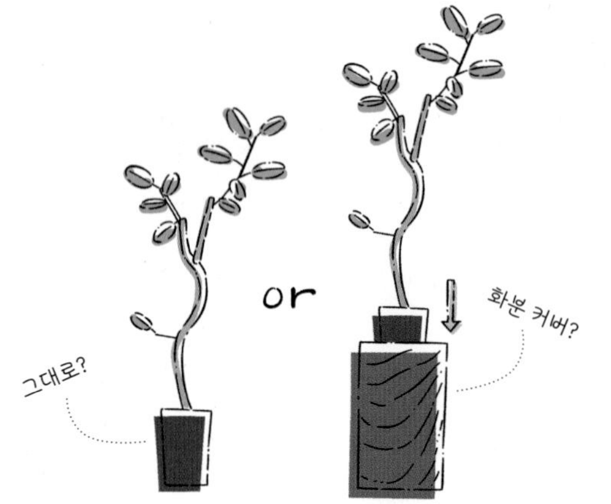

식물을 심는 용기를 화분이라고 하며 실내에서는 화분 밑에 물받침을 놓고 키웁니다. 장식하는 방법은 '화분 그대로 장식한다'나 '화분 커버를 씌워서 장식한다' 둘 중 하나로 종류와 사이즈, 인테리어와 어울리는 것을 선택하면 됩니다. 아래 물빠짐 구멍이 없으면 화분 커버로 분류하지요.

2 화분의 크기는?

화분은 원래 화분 사이즈보다 한 둘레 큰 사이즈를 선택합니다. 화분이 너무 크면 뿌리가 잘 마르지 않아 뿌리 썩음의 원인이 되거나 뿌리의 생장이 편중되어 키우기 어려워지므로 주의합니다. 화분 커버의 경우에는 화분보다 한둘레 큰 사이즈로 양쪽 끝에 손이 들어갈 정도의 크기를 선택하세요.

3 화분의 소재

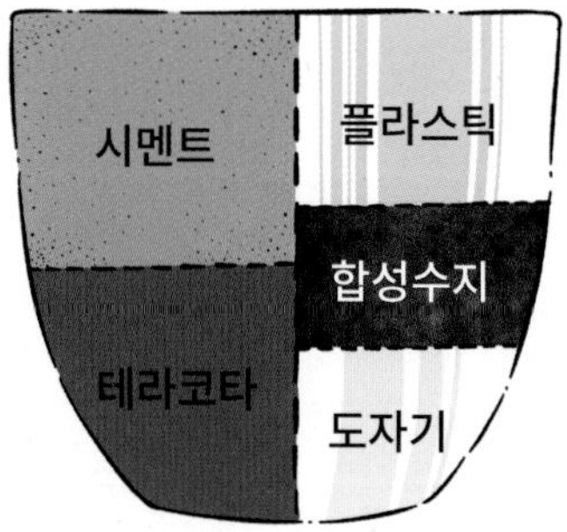

플라스틱, 수지, 도자기는 물이 오래 가고 비교적 가벼워서 인기가 있습니다. 화분 속 온도가 쉽게 높아지므로 여름철 뿌리 손상에 주의합니다. 시멘트, 테라코타 등은 흡수 및 통기성이 뛰어나서 건조한 것을 좋아하는 식물에게 적합합니다.

4 화분 커버의 소재와 종류

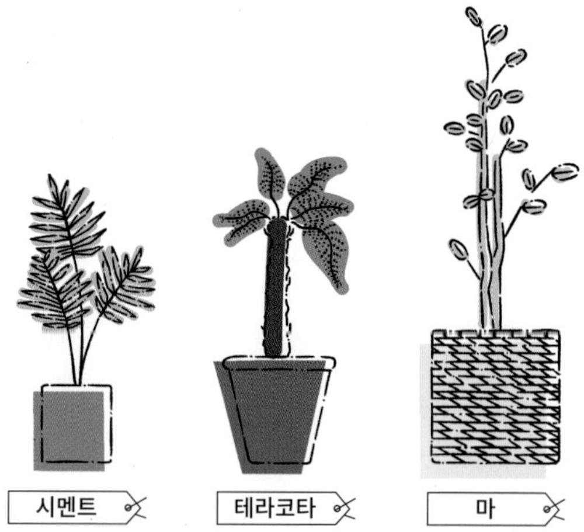

일반적으로 플라스틱 화분을 넣어서 장식하는 경우가 많습니다. 도자기, 시멘트, 테라코타, 상자, 황마, 마, 파이버글라스 등 다양한 소재가 있으므로 원하는 인테리어 스타일에 맞춰서 선택할 수 있습니다.

화분으로 분위기를 자유자재로 바꿀 수 있다

PLANTER INDEX

인더스트리얼하고 시크한 것으로 결정!

투박한 멋이 인기인 시멘트 소재 화분. 크게 눈에 띄지 않으므로 식물의 존재감을 방해하지 않습니다. 인테리어 소품으로 잘 어우러지는 것도 포인트.

간단하게 멋을 낼 수 있는 화분 커버

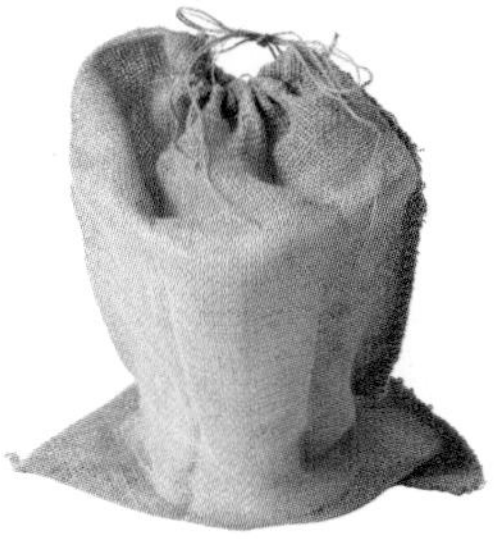

이런 화분 커버를 씌워주면 비록 매장에서 구입한 상태의 플라스틱 화분이라도 훨씬 세련되어 보입니다. 비교적 저렴해서 마음 편하게 구입할 수 있는 것도 매력입니다.

작가의 작품으로 더 센스 있게

개성있는 디자인이 많은 핸드메이드 화분. 식물이나 장소를 선택할 때 센스가 필요하지만 인테리어 포인트로는 최고입니다.

가성비 제일주의 싼 것이 최고

균일가숍 등에서도 구입이 가능합니다. 역시 다양한 디자인이 있으므로 식물과 어울리는 것을 선택하면 됩니다. 망가지기 쉽지만 저렴하니까 마음 편하게 사용할 수 있어요.

사계절의 GREEN LIFE

SPRING 4月～6月

봄은 생육기입니다 관리는 전부 이 시기에 해주세요.

기온이 올라가고 날이 따뜻해지면 식물은 뿌리를 움직이며 생육기에 들어갑니다. 1년 중에서 가장 식물의 체력이 좋으며 기후도 안정된 이때가 관리의 계절입니다. 분갈이, 포기 나누기, 가지치기, 비료주기 등은 전부 이 시기에 하면 좋습니다.

흙이 줄어들었거나 식물에 비해 화분이 작아졌다면 분갈이(P.134 참조)나 흙갈이 및 포기 나누기 등을 합니다. 너무 많은 가지와 잎은 가지치기(P.136 참조)하고 비료를 주어 새잎이 많이 나오도록 합니다.

새잎이 많이 나오면 빽빽한 부분이나 바깥쪽의 잎, 과 가지 밑에 있는 잎이 노랗게 변할 수 있는데 자연스러운 신진대사이므로 걱정할 필요는 없습니다. 또 꽃이 피면 시간이 지날수록 체력이 소모되므로 빨리 따주는 게 좋습니다.

SUMMER 7月～8月

여름에는 더위가 가장 큰 적 잎 화상과 뿌리 손상에 주의하세요!

관엽식물은 언뜻 생각하면 더위에 강할 것 같지만 자연 상태와 달리 바람이 잘 통하지 않는 실내에서는 더위와 열이 그대로 고여서 뿌리나 잎을 상하게 하므로 조심해야 합니다.

밖에 내놓거나 커튼을 치지 않은 창가에 식물을 놓는 것은 절대 금지. 부지런히 바람이 통하게 하고 얇은 커튼 너머로 햇빛을 쬐어주세요. 타버린 잎은 노랑색이나 갈색으로 변합니다. 그런 경우에는 그 잎만 가지치기해줍니다.

또 플라스틱이나 도기 등 물을 잘 머금고 있는 소재의 화분은 고온이 되면 열이 잘 빠져나가지 못해 뿌리가 손상되는 경우가 있습니다.

화분 커버를 쓰거나 태양광이 덜 닿는 장소로 이동시키는 등 대책이 필요합니다. 가지나 잎이 지나치게 아래로 축 처지는 것은 뿌리 손상의 사인입니다.

식물의 생장도 계절에 따라 달라지기 때문에 관리와 키우는 환경을 조금 바꿔줄 필요가 있습니다.
사계절에 따라 달라지는 식물의 표정과 주의할 부분을 알려드립니다.

AUTUMN 9月～11月

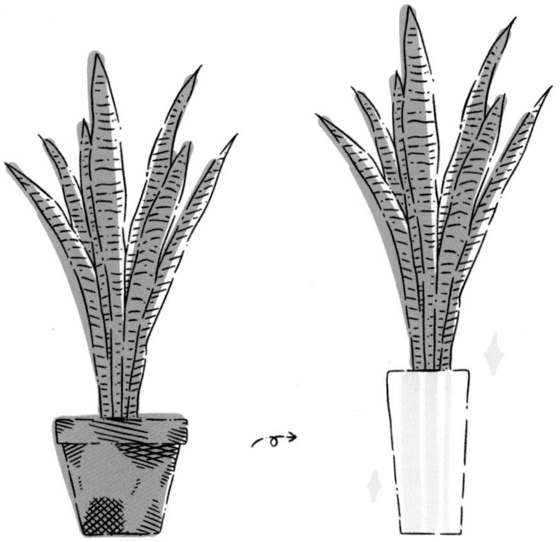

키우기 쉬운 가을 생육기가 천천히 끝납니다

늦더위가 남아있는 초가을은 식물도 큰 스트레스 없이 잘 자라는 계절입니다. 자주 통풍을 해서 신진대사를 촉진시켜주세요. 잎이 잘 달려있고 그루터기가 단단한 상태라면 더 큰 화분으로 분갈이를 하거나 다소의 가지치기도 가능합니다.

여름 동안 뿌리와 가지와 잎이 너무 자라버렸다면 손질하는 것도 좋겠지요. 봄에 비료 주는 것을 잊었다면 이 시기에 주어도 괜찮습니다. 추위에 약한 품종은 차가운 외기가 닿지 않도록 창가에서 약간 떨어진 곳으로 이동시킵니다.

기온이 내려가기 시작하면 흙의 건조가 느려져서 물 주기 빈도가 줄어듭니다. 한여름과 같은 빈도로 물을 너무 많이 주지 않도록 주의하세요. 또 여름에 더위로 상해버린 뿌리의 병증이 이 시기에 드러나는 경우가 있으므로 상태를 잘 관찰하면서 관리합니다.

WINTER 12月～3月

겨울에는 가능한 밝고 따뜻한 장소에

식물에게 추운 겨울은 너무나 가혹한 계절입니다. 실내로 옮겨놓고 최대한 따뜻한 장소에서 관리하세요. 냉기가 들어오기 쉬운 창가의 화분은 방 안쪽으로 이동합니다. 추위로 잎이 손상되거나 뿌리가 손상될 수 있으므로 밖에 내놓지 않도록 주의합니다.

물을 주는 단 10분만에도 냉해를 입을 수 있습니다. 냉해의 사인은 잎이 쭈글쭈글해지는 것, 부분적으로 색이 빠지는 것, 갈색이나 거무스름하게 변색이 되는 것과 같은 증상을 보입니다.

손상된 잎은 잘라버리는데 전체의 2/3 정도는 잎을 남기도록 합니다. 또 물은 상온에서 줍니다. 이 시기에는 분갈이 등의 관리는 하지 않는 것이 좋습니다.

※겨울철 수돗물은 그대로 주면 너무 차가우므로 잠깐 두었다가 수온이 상온이 되면 주세요.

다양한 장식 아이디어로 식물의 매력을 돋보이게

원하는 식물을 골랐다! 화분도 정했다! 그럼 어떻게 장식할지를 생각할 때입니다.
어떻게 장식해야 식물을 인테리어로 즐길 수 있을지 포인트를 소개합니다.
장식 방법에 따라서 식물이 보여주는 표정이 달라집니다.
원하는 인테리어를 머릿속으로 그리면서 결정하세요.

1 화분의 종류를 통일한다

화분의 색, 소재, 형태 크기 등 종류를 통일해서 장식하면 전체에 통일감이 생겨서 위화감 없이 식물을 장식할 수 있습니다. 예를 들면 그림처럼 그레이 계열로 통일한 화분을 모아두면 모양이 다른 식물끼리도 안정된 느낌으로 연출할 수 있습니다.

2 높낮이 차이를 주어 장식한다

집 안에 여러 개의 식물을 둘 때는 높낮이 차이를 주며 장식해보세요. 진짜 숲 같은 호흡과 깊이감이 생기면서 자연스러운 입체감을 느낄 수 있는 공간이 됩니다. 스툴이나 상자 등의 아이템을 이용하면 편합니다.

3 장식 선반을 이용한다

아래로 처지는 형태의 식물이나 독특한 형태의 식물은 장식 선반에 장식해보세요. 선반을 DIY로 만드는 것도 좋습니다. 마트나 인터넷 쇼핑몰에서 재료를 쉽게 구입할 수 있습니다. 선반에 올려두는 식물은 반드시 화분 디자인에도 신경을 쓰세요

4 매달아 본다

걸이식 화분을 높은 곳에 매달아서 장식합니다. 매달면 시선보다 높은 위치가 되므로 바닥에 두고 장식하는 것과는 또 다른 존재감을 즐길 수 있어요. 설치용 조립품을 이용해서 설치합니다.

PART 3
인기 식물을 소개합니다

매장에서 실제로 구입할 수 있는 인기 품종을 과별로 소개합니다. 품종 사진은 그 과 식물의 특징을 클로즈업해서 찍었습니다. 또한 과로 묶었어도 그 안에 다양한 품종이 있습니다. 계절마다 보여주는 표정도 가지각색이므로 마음에 쏙 드는 품종을 차분하게 찾아보세요. 상상했던 것보다 더욱 좋은 식물과 만나게 될지도 몰라요.

TREE : 목본류 | LEAF : 초본류 | SUCCULENTS : 다육식물

type : TREE

뽕나무과

뽕나무과는 가지에 잎이 달려 있는 '나무 같은 식물'을 대표하는 과입니다. 무화과나무속의 모든 고무나무계가 메인으로 잎의 형태는 달걀형이나 타원형 등이 많으며 줄기색도 다양합니다.

생산되는 크기와 수형이 폭넓은 것도 특징. 가지치기하면 고무질의 수액이 나옵니다. 또 공기 중에 노출되어 기능을 수행하는 뿌리인 기근(공기 뿌리)를 뻗으며 독특한 수형이 되는 것도 많습니다. 휘카스 움베르타는 추위에 약해서 겨울에 잎이 떨어지지만 봄에는 새싹이 가득 나와 다시 무성해집니다.

무늬 알티시마 고무나무
Ficus Altissima Variegata

무늬 알티시마 고무나무
Ficus Altissima Variegata
원산지 : 인도, 미얀마
—
반그늘을 좋아하는 식물. 무늬가 알록달록 예뻐서 관상용으로 좋습니다. 너무 어두우면 무늬가 사라질 수도 있어요.

휘카스 아프리칸 프린스
Ficus sp. 'African Prince'
원산지 : 남아프리카
—
탄성이 좋아 여러 모양으로 만들어 키울 수 있어 분재를 만들기 좋아요.

벵갈 고무나무
Ficus Benghalensis
원산지 : 인도, 스리랑카
—
관리가 쉬워서 실내 식물로 사랑받는 식물. 잎이 작고 풍성합니다.

움벨라타 고무나무
Ficus umbellata
원산지 : 열대아프리카
—
하트 모양 잎이 사랑스러운 식물. 막대기처럼 곧게 자라기 때문에 풍성하게 키우고 싶다면 생장점을 잘라 가지치기를 해줘야 합니다.

빵나무
Artocarpus altilis
원산지 : 뉴기니아, 마르크제도
—
긴 타원형의 큰 잎은 딱딱하고 가장자리가 손바닥 모양으로 갈라집니다. 빵이 열리진 않지만 감자와 비슷한 맛이 나는 열매가 열립니다.

무늬 바로크 벤자민
Ficus benjamina “sitasion”
원산지 : 원예품종(인도~동남아시아)
—
민트색과 연초록의 잎 무늬가 예쁜 식물. 가지치기한 후 물꽂이로 뿌리를 내려 화분에 옮겨 심어 번식시켜 보세요.

휘카스 암스테르담 킹
Ficus Amsterdam King
원산지 : 원예품종(동남아시아, 폴리네시아)
—
크고 가죽 같은 바나나 모양의 잎을 가지고 있으며 유지 관리가 쉬워요.

바로크 벤자민
Ficus benjamina barok
원산지 : 원예품종(인도~동남아시아)
—
잎이 동그랗게 돌돌 말린 모양이 매력적인 식물. 물꽂이나 삽수로 번식시켜 보세요.

판다 고무나무
Ficus Retusa panda
원산지 : 열대아메리카
—
일반 벤자민보다 광택이 많이 나며 두텁고 둥근 형태를 띠고 있어요. 잎이 크고 넓은 나무 중에서 토피어리 형태로 키울 수 있는 드문 나무입니다.

인도 고무나무
Ficus elastica 'Burgundy'
원산지 : 원예품종(열대아시아)
—
NASA 발표 공기정화 식물 4위. 잎이 두껍고 윤기가 있으며 키우기 쉬워요.

루비기노사 고무나무
Ficus rubiginosa
원산지 : 오스트레일리아
—
잎의 길이가 10~15cm 정도이고 잎의 간격이 좁은 것이 특징입니다. 고온 다습한 환경을 좋아합니다.

벤자민
Ficus benjamina
원산지 : 인도~동남아시아
—
일반적이고 대중적이며 키우기 쉬운 공기정화 식물. 싱그럽고 부드러운 느낌을 주는 타원형의 잎사귀가 풍성해 인기입니다.

휘카스 점보 리프
Ficus Jumbo Leaf
원산지 : 원예품종(열대아시아)
—
일반 고무나무보다 잎을 더 크게 계량한 원예 품종입니다.

대만 고무나무
Ficus Microcarpa
원산지 : 일본, 동남아시아, 대만, 오스트레일리아
—
밑둥을 분재처럼 둥글게 재배한 종입니다. 같은 종류라도 잎의 크기와 형태 차이가 큰 편입니다.

type : TREE

야자과

야성미있는 줄기와 섬세한 잎으로 인기가 있습니다. 한 그루만으로도 존재감 넘치는 인테리어 완성. 대표종인 피닉스 야자를 번식시키는 방법은 씨부터 키우는 실생(종자에서 발아)뿐입니다. 수령은 200년 이상 오래 산다고 해요. 뿌리를 내린 상태로 유통되므로 물을 부지런히 주세요. 주병 야자는 실생이 아니면 그루터기가 불어나지 않습니다. 잎 전체를 아름답게 유지할 수 있는 잎의 개수는 2장 반까지가 기준입니다. 봄에서 여름의 생장기에 새싹이 나기 시작하면 누렇게 변한 잎은 가지치기해줍니다.

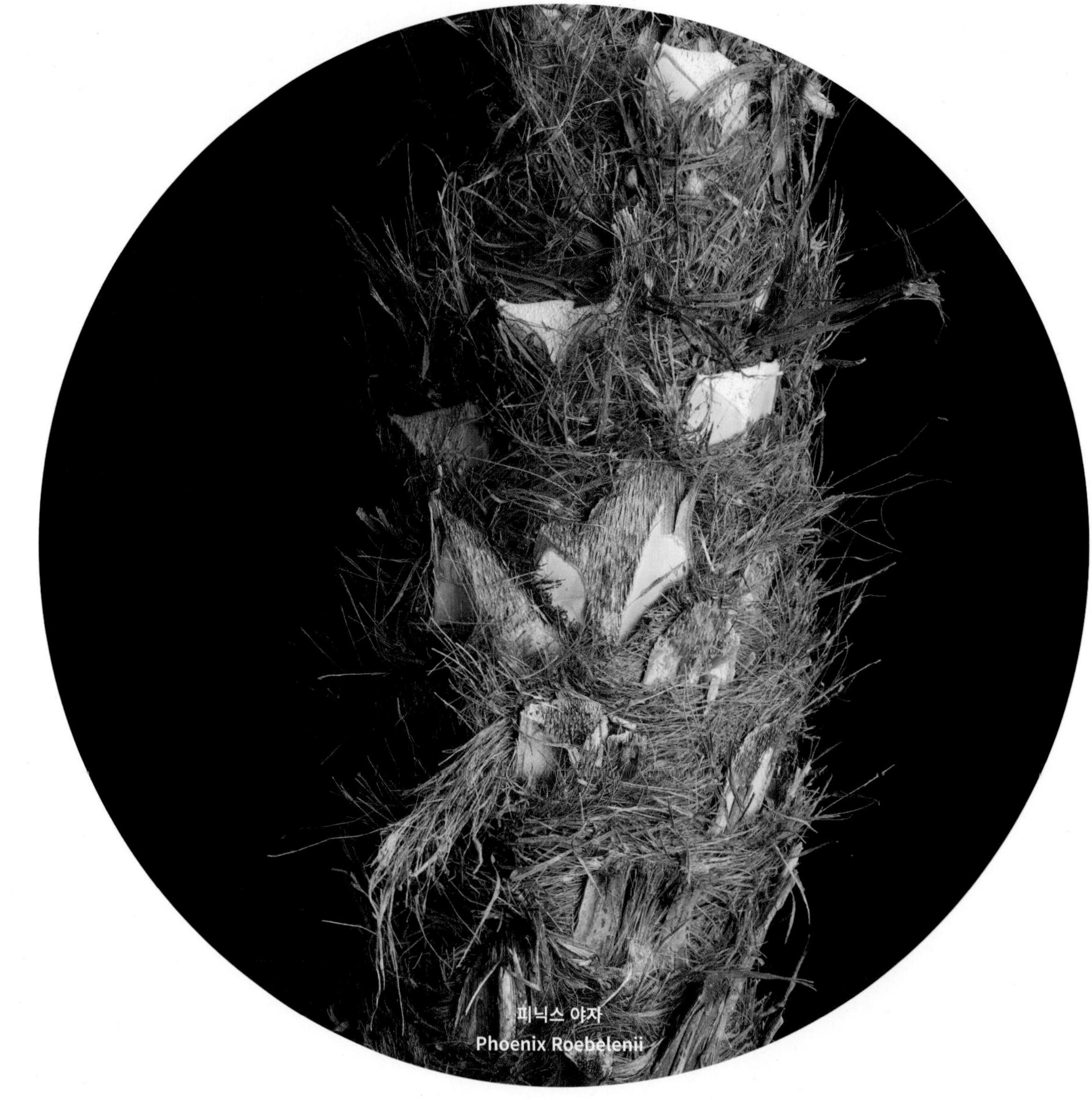

피닉스 야자
Phoenix Roebelenii

피닉스 야자
Phoenix Roebelenii
원산지 : 인도차이나
—
우아한 녹색 잎이 활처럼 휘어진 모습이 아름다워요. 공기정화 능력이 뛰어납니다.

주병 야자
Hyophorbe lagenicaulis
원산지 : 마스카렌 제도
—
어릴 때는 아랫부분이 뚱뚱한 병 모양이고 성장할수록 긴 병 모양이 됩니다. 발아 기간이 길고 성장이 느린 야자수입니다.

type : TREE

도금양과

동남아시아부터 오스트레일리아, 남미가 주된 원생지로 실외에서 과일나무로 키우는 경우가 많습니다. 대표적인 관엽식물은 염부나무(Syzygium cumini)인데 흰색 수피(나무의 껍질)와 부드러운 잎이 특징입니다. 자연수형으로 많이 볼 수 있으며 내추럴한 느낌으로 장식할 수 있습니다. 잎이 자라면서 아래로 늘어지는 모습이 인기입니다. 같은 도금양과의 유칼립투스에 가까운 식물로 건조에 약하므로 자주 분무해주며 관리합니다.

염부나무
Syzygium cumini

염부나무

Syzygium cumini

원산지 : 동남아시아

—

빠르게 성장하는 식물이며 3월에서 4월에 꽃이 핍니다. 5~6월에 열매가 열리는데 익어가면서 색깔이 변하다가 검은색이 됩니다. 달콤한 맛과 신맛과 떫은 맛이 섞여있는데 당뇨병에 효과적이라고 알려져 있어요.

type : TREE

아욱과

건조에 강해 관리가 쉬운 품종입니다. 쉽게 키울 수 있어 인기있는 파키라는 최근 잎이 미채(위장복)무늬인 '밀키웨이'의 실생 묘목이 주목을 끌고 있습니다. 실생 번식은 종자의 특성과 개성이 강하게 드러나기 때문에 격세유전(한 생물의 계통에서 선조와 같은 형질이 나타나는 현상)으로 녹색잎으로 되돌아가는 일은 없습니다.

유통되고 있는 묘목의 대부분은 파키라에 접목한 것으로 실생 밀키웨이는 희귀합니다. 잎사귀를 상부에 집중시킨 형태가 많으며 생장하면서 자란 것을 방치하면 지저분하게 아래로 늘어지므로 자란 가지와 잎을 봄에 가지치기로 정리합니다.

파키라
Pachira

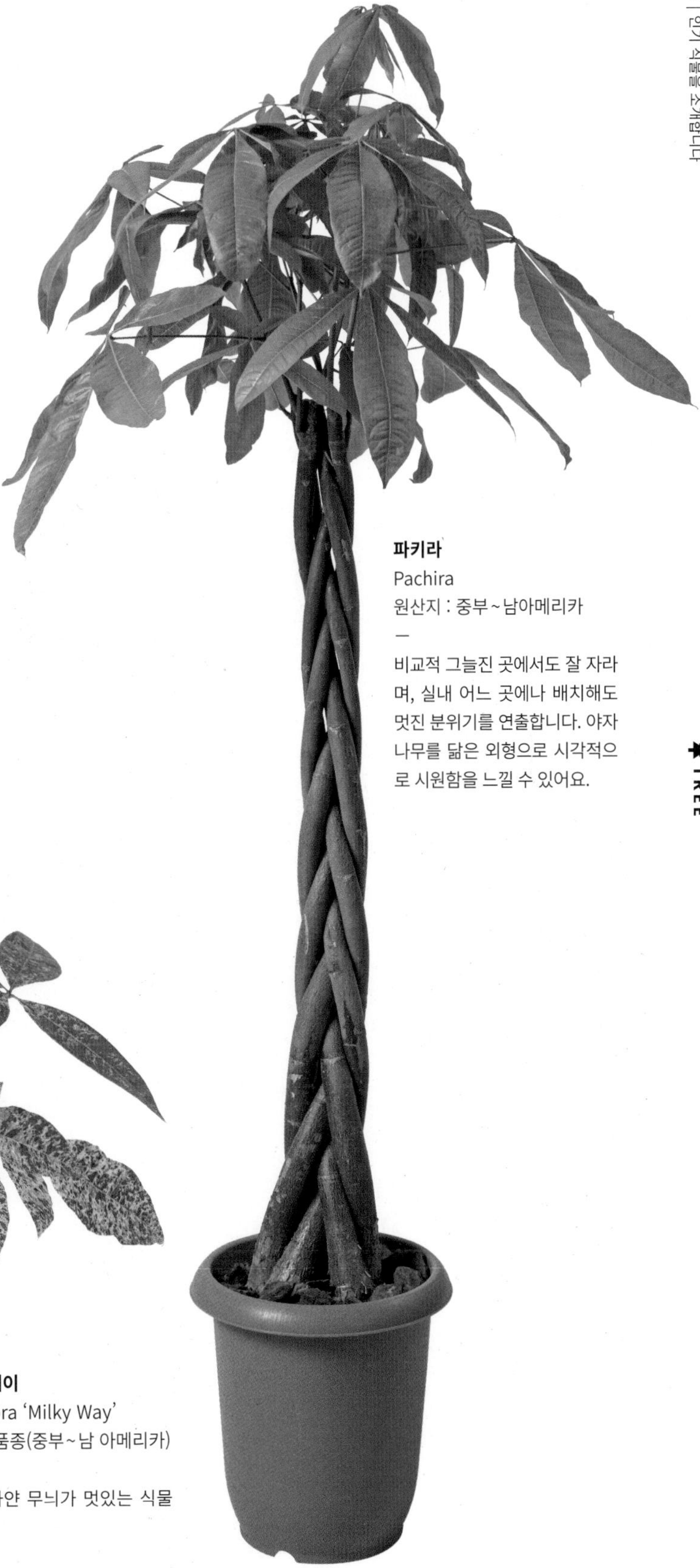

파키라
Pachira
원산지 : 중부~남아메리카
—
비교적 그늘진 곳에서도 잘 자라며, 실내 어느 곳에나 배치해도 멋진 분위기를 연출합니다. 야자나무를 닮은 외형으로 시각적으로 시원함을 느낄 수 있어요.

파키라 밀키웨이
Pachira glabra 'Milky Way'
원산지 : 원예품종(중부~남 아메리카)
—
은하수처럼 하얀 무늬가 멋있는 식물입니다.

type : TREE

협죽도과

건조지대에 자생하며 두툼하고 비대한 뿌리와 줄기가 특징입니다. 건조한 환경 속에서 생존하기 위해 수분을 저장하고 있습니다. 이런 겉모습을 가진 품종을 덩이뿌리 식물이라고 하며 인기가 있습니다. 이 과 식물의 가장 큰 볼거리는 개성적인 줄기에 꽃이 피는 모습입니다.

특히 아데니움 아라비쿰은 '사막의 장미'라고 불리는 크고 선명한 멋진 꽃을 피웁니다. 볕이 잘 드는 따뜻한 곳에서 바람이 잘 통하게 관리해주세요. 겨울철은 잎이 떨어지고 휴면하므로 이때는 물을 주지 않습니다.

아데니움 아라비쿰(석화)
Adenium Arabicum

파키포디움 로수라툼
Pachypodium Rosulatum
원산지 : 마다가스카르
—
병 모양의 몸통을 가지고 있으며 가시가 많습니다. 햇빛이 잘 드는 곳을 좋아합니다.

아데니움 아라비쿰(석화)
Adenium Arabicum
원산지 : 아라비아 반도
—
통통한 가지에 귀여운 잎사귀와 화려한 꽃이 매력적이며 바오밥나무가 연상되는 식물입니다. 고온 건조한 환경을 좋아합니다.

type : TREE

물레나무과

이 과의 대표적인 관엽식물인 크루시아는 잎이 두꺼워 건조에 강한 것이 특징. 화분으로 유통되고 있는 것은 가지와 잎 전체가 녹색이지만 크게 생장하면 줄기 밑둥부터 목질화되면서 큰 나무가 됩니다. 잎 표면을 뾰족한 것으로 그으면 그대로 남는 성질이 있어 글씨나 그림을 새길 수 있기 때문에 현지에서는 '메세지 잎', '사인 나무'라고 불리기도 한답니다. 열매는 익으면 벌어지면서 단단한 별 모양이 되며 원산지인 하와이에서는 장식품으로도 이용합니다.

무늬 크루시아
Clusia rosea

무늬 크루시아

Clusia rosea

원산지 : 원예품종(서인도제도)

—

자연스러운 무늬가 멋스러운 식물입니다. 잎이 크고 두꺼워 수분을 많이 저장하고 있기 때문에 물을 많이 주지 않아도 됩니다.

type : TREE

벽오동과

브라키키톤은 불룩한 줄기 밑동이 와인병처럼 생겨서 병나무라는 별명으로 불립니다. 원생지에서는 20m 정도의 교목이 됩니다. 봄부터 여름까지 뿌리에 물을 저장하여 건기인 겨울에 대비하는 사이클로 자라기 때문에 겨울에는 물을 주지 않고 관리합니다.

생육기에는 왕성하게 새싹이 나오고 오래된 잎을 조금씩 떨어뜨리면서 생장하기 때문에 가지치기는 거의 할 필요가 없습니다. 물이 부족하거나 뿌리가 막히면 잎이 노래지면서 떨어지는 등 상태를 알아보기 쉬워 관리가 편한 품종입니다.

퀸즐랜드 병나무
Brachychiton rupestris

브라키키톤
Brachychiton bidwillii
원산지 : 오스트레일리아

—

좁고 기다린 이파리가 방사선 모양으로 퍼지며 자라는 특징이 있어요. 나무 밑동은 독특한 모양으로 부풀어 오릅니다.

퀸즐랜드 병나무
Brachychiton rupestris
원산지 : 오스트레일리아

—

가녀린 줄기가 아래로 쳐지면서 주렁주렁 달린 독특한 모양의 이파리가 멋스러워요.

type : TREE

콩과

가지에 작고 부드러운 잎이 달려있는 다정하고 포근한 느낌의 콩과 식물. 에버 프레시(Cojoba arborea var. angustifolia)는 봄부터 가을에 걸쳐 쑥쑥 자랍니다. 또 봄에는 꽃이 피는데 작은 등롱처럼 가지에 드리워지는 사랑스러운 모습입니다. 여기에서 꼬투리가 자라고 빨갛게 물들면 씨가 쏟아집니다. 수면 운동으로 밤이 되면 잎을 닫는 모습도 재미있게 감상할 수 있습니다. 작은 잎은 흙이 너무 마르면 노랗게 변하며 떨어지므로 물을 자주 주어야 합니다.

마오리 소포라
Sophora Prostrata

마오리 소포라
Sophora Prostrata
원산지 : 원예품종(뉴질랜드)
—
갈색의 얇은 줄기와 작고 동그란 잎이 귀여운 식물입니다. 관리는 좀 까다로운 편이에요. 과습에 주의해야 하고 햇빛을 좋아합니다.

에버 프레시
Cojoba arborea var. angustifolia
원산지 : 남아메리카
—
시원하고 밝은 녹색 잎과 단아한 모양이 인기. 잎에서 수분 증발을 방지하기 위해 밤에 이파리를 닫고 낮에 활짝 펍니다. 흙이 반쯤 마를 때 물을 주세요. 너무 건조하면 잎이 떨어집니다. 습한 환경에서 잘 자랍니다.

type : TREE

백합과

예전부터 사랑받고 있는 과입니다. 아마 드라세나(용설)가 붙는 식물명을 많이 들어보셨을 것입니다. 잎과 가지가 세로로 자라는데 가로 폭은 그다지 나오지 않아 호리호리한 수형으로 자랍니다. 봄에서 여름에 걸쳐서 잎 안쪽에서 새싹이 돋고 바깥쪽의 오래된 잎은 서서히 떨어지면 힘줄 같은 줄기의 일부가 됩니다. 건조에 강하므로 물 주기 빈도가 적어서 키우기 쉽습니다. 생명력이 강하고 장수하는 것이 많은데 드라세나 드라코는 수령이 무려 6천 년 된 것도 있습니다.

무늬 행운목
Dracaena Fragrans Massangeana

덕구리난
Beaucarnea recurvata
원산지 : 멕시코 동남부
—
줄기 밑동이 술병처럼 볼록하고 길게 흘러내리는 잎이 시선을 사로잡아요. 햇빛과 건조한 환경을 좋아합니다.

드라세나 콤팩타
Dracaena deremensis 'compacta'
원산지 : 원예품종(열대아프리카)
—
집안에서 키우기 좋은 식물. 직사광선은 꼭 피해야 해요. 옥수수 자루처럼 생긴 길쭉한 잎이 방사형으로 무성하게 달리고 기왓장을 쌓듯 층층으로 성장. 과습에 주의해야 하고 공기정화 능력이 뛰어납니다.

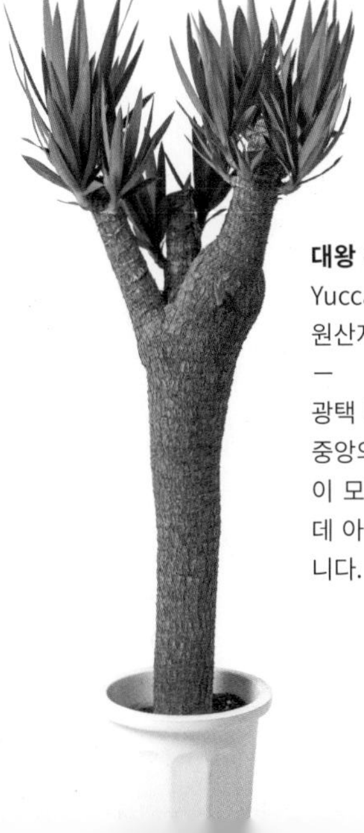

대왕 유카
Yuccaelephantipes
원산지 : 북~중앙아메리카
—
광택 나는 녹색 잎이 길쭉하게 자라고 중앙의 줄기에서 수십 개의 하얀색 꽃이 모여서 핍니다. 꽃은 먹을 수 있는데 아삭아삭하고 약간 쌉쌀한 맛이 납니다.

송 오브 자메이카

Dracaena reflexa cv.Song of Jamaica

원산지 : 원예품종(열대아시아, 열대아프리카)

—

황색 바탕에 녹색 무늬가 있는 잎이 길고 뾰족하게 자랍니다. 밝은 장소에서 잘 자라고 너무 어두운 그늘에서 키우면 웃자라거나 잎이 떨어지기도 합니다. 줄기를 잘라 삽목해서 번식시킬 수 있어요.

드라세나 레몬라임

Dracaena dermensis “Warneckii” cv. Lemon Lime

원산지 : 원예품종(열대아프리카)

—

광택을 지닌 밝은 연녹색의 잎에 짙은 녹색과 흰색 줄이 뚜렷하게 나타납니다. 반양지 식물로 실내에서 키우기 쉬운 식물이면서 공기 정화 능력이 뛰어납니다. 수경으로 키울 수도 있어요.

드라세나 드라코

Dracaena draco

원산지 : 카나리아 제도

—

빛이 충분하면 잎 가장자리가 약간 붉은색을 띠고 오래된 잎은 아래쪽으로 아치형을 그립니다. 줄기나 잎을 자르면 단면에 붉은 액체가 흐른다고 해서 '용혈수'라 불리기도 합니다. 공기정화 효과가 뛰어난 이국적 느낌의 식물입니다.

무지개 드라세나

Dracaena marginata cv. Rainbow

원산지 : 원예품종(마다가스카르)

—

가는 줄기에 좁고 길쭉한 잎이 많이 달리는데 잎 가장자리는 적색, 안쪽은 유백색. 잎 전체가 붉은 빛을 띠고 고온다습한 환경을 좋아합니다. 어느 곳에 놓아도 조화롭습니다.

드라세나 캄보디아나(캄보디아 용혈수)

Dracaena Cambodiana

원산지 : 남아시아, 중국 남부

—

길고 부드러운 잎이 있는 식물. 가뭄에 강하고 공기 정화 능력이 좋은 것으로 잘 알려져 있어요.

코르딜리네 스트릭타
Cordyline Stricta
원산지 : 오스트레일리아
—
키가 크고 길게 자랍니다. 잎은 광택이 나는 짙은 녹색이며 나선형 모양으로 자랍니다. 겨울과 봄에 흰색부터 보라색의 작은 꽃이 무리지어 핍니다.

무늬 행운목 (드라세나 맛상게아나)
Dracaena Fragrans Massangeana
원산지 : 원예품종(열대아프리카)
—
잎 가운데 폭이 넓은 노란 줄무늬가 예뻐요. 직사광선을 피해 밝은 실내에서 키워보세요.

유카 데스메티아나
Yucca Desmetiana
원산지 : 멕시코
—
우아한 아치형의 길고 부드러운 잎이 멋진 식물. 어릴 때는 청회색을 띠고 자라면서 자줏빛을 띱니다. 유지 관리가 거의 필요하지 않아 쉽게 키울 수 있어요.

드라세나 와네키 골드코스트
Dracaena ‘Warneckii’ goldcoast
원산지 : 원예품종(열대아프리카)
—
녹색 바탕에 하얀색 또는 회색 줄무늬가 특징인 기다란 잎이 멋집니다. 3m까지 자라기도 하는데 크기를 유지하고 싶으면 가지치기 해주세요. 자주 분무하고 잎도 닦아주세요. 수경 재배도 가능합니다.

코르딜리네 상고
Cordyline t. Sango
원산지 : 원예품종(동남아시아)
—
줄기가 곧게 서고 가지를 많이 치지는 않습니다. 잎은 줄기 윗쪽에서 빽빽하게 달리는데 짙은 녹색에 자줏빛을 띱니다. 밝은 실내 창가에 놓는 것이 좋으며 흙이 완전히 마르기 전에 물을 흠뻑 주세요.

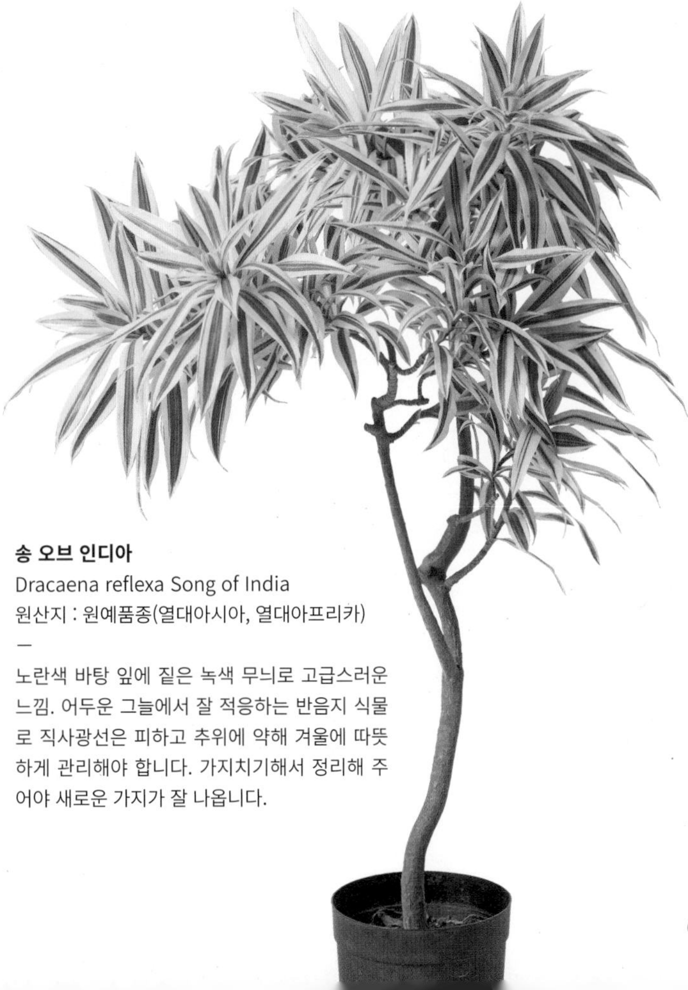

송 오브 인디아
Dracaena reflexa Song of India
원산지 : 원예품종(열대아시아, 열대아프리카)
—
노란색 바탕 잎에 짙은 녹색 무늬로 고급스러운 느낌. 어두운 그늘에서 잘 적응하는 반음지 식물로 직사광선은 피하고 추위에 약해 겨울에 따뜻하게 관리해야 합니다. 가지치기해서 정리해 주어야 새로운 가지가 잘 나옵니다.

type : TREE

꼭두서니과

꼭두서니과 식물 중에서는 유일하게 커피나무가 관엽 식물로 사랑받고 있습니다. 윤기있는 잎이 특징이며 봄철에는 새싹의 연두색과 성숙한 잎의 진한 녹색의 대비가 아름답습니다.

높이 1m 이상으로 자라며 포기가 커지면 봄에서 초여름에 흰 꽃이 피고 열매도 맺습니다. 열매가 열리면 영양을 섭취하기 때문에 잎이 상하고 낙엽이 집니다. 열매를 즐기고 싶으면 수확한 후, 가지치기로 깔끔하게 정돈합니다. 추위에 약해서 한파로 냉해를 입으면 잎이 검게 상하기 때문에 겨울에는 따뜻한 곳에서 키웁니다.

커피나무
Coffea arabica

커피나무
Coffea arabica
원산지 : 에티오피아

—

하얀색 꽃과 자주색 커피 열매가 아름다워 관상용으로 인기 높은 반려 식물입니다. 공중습도가 높은 것을 좋아하니까 자주 분무해주세요.

type : TREE

두릅나무과

잎이 손바닥 모양이며 그 형태는 품종에 따라 조금씩 다릅니다. 굵은 줄기, 개성적인 가지 모양이 인기인 홍콩야자(Schefflera)는 일본의 생산지인 하치조섬에서는 방풍림으로도 쓰이고 있을 정도로 강건. 단 습기에는 약하므로 특히 한여름철 온습도의 극단적인 상승에 주의합니다. 과습이 되면 가지와 잎이 검게 변하고 쳐집니다. 부드러운 잎을 늘어뜨리며 자라는 폴리시아스(Polyscias)는 원생지인 대만에서는 부귀수로 인식, 행운을 불러오는 식물로 인기입니다.

쉐프렐라 콤팩타
Schefflera Compacta

폴리시아스

Polyscias Fruticosa

원산지 : 인도, 동남아시아, 폴리네시아

—

Polyscias는 그리스어로 '많은 그늘'을 의미합니다. 실내에 들여놓으면 자유분방한 생김새 때문에 마치 정글에 온 것 같아요. 그늘에서 잘 자라요.

쉐프렐라 치앙마이

Schefflera arboricola 'Chieng Mai'

원산지 : 태국

—

광택이 나는 녹색 잎이 한 개의 잎자루에 여러 개의 손바닥 모양으로 벌어져 붙어 있어요. 실내에서 잘 자라며 삽목으로 번식합니다.

쉐프렐라 콤팩타

Schefflera arboricola ‘Compacta’

원산지 : 원예품종(중국, 대만)

—

재배 도중에 선발된 품종으로 잎자루와 잎이 모두 짧아요. 생장은 느리지만 튼튼합니다.

아랄리아

Dizygotheca Elegantissima

원산지 : 뉴칼레도니아, 폴리네시아

—

날카로워 보이는 짙은 초록색 가느다란 잎의 가장자리가 독특해서 시선을 끌어요. 거실에 놓으면 존재감이 있어 좋아요.

아이비

Hedera

원산지 : 원예품종(유럽, 북아프리카, 서아시아)

—

아이비 또는 헤데라로 불리는 덩굴성 식물. 빨리 자라며 공중 뿌리가 뻗어 나오며 벽이나 지지대 등을 잘 타고 오릅니다. 많은 품종이 개발되어 잎 모양과 색깔이 다양하고 기르기가 쉽습니다. 분무기로 물을 자주 분사해 주는 것이 좋아요.

대엽 홍콩야자
Schefflera Actinophylla
원산지 : 오스트레일리아, 뉴기니아
—
우산을 펼친 것 같은 손바닥 모양 잎이 크고 강해 보입니다. 밝은 그늘에서 잘 자랍니다.

홍콩야자
Schefflera arboricola
원산지 : 대만, 중국 남부
—
손바닥 모양의 잎이 인상적인 식물입니다. 성장 속도가 빠른데다 번식이 쉽고 성공률이 높아 기르는 재미가 있어요.

투피단서스 칼립트라터스
Tupidanthus Calyptratus
원산지 : 아삼, 말레이 반도
—
홍콩야자와는 다르게 잎 끝이 뾰족한 매력이 있습니다. 높은 습도를 좋아하고 환기를 잘 하면 무난하게 키울 수 있어요.

type : LEAF

극락조화과

부채처럼 크게 벌어진 잎 모양이 특징입니다. 봄에서 여름에 안쪽에서 새잎이 돋아 길고 가느다란 잎을 펼치며 겨울철에는 거의 움직이지 않고 그 상태로 있습니다.

바깥쪽의 오래된 잎은 점점 갈색이 되므로 생육기인 봄에 가지치기로 정리합니다. 따뜻한 환경에서 몸통이 성숙해지면 닭벼슬같은 꽃을 피웁니다. 꽃 색깔은 니콜라이는 흰색, 레기니아는 오렌지×보라색. 뿌리가 다육질이라 비교적 건조에 강해 관리가 쉽지만 뿌리가 잘 자라므로 정기적인 분갈이가 필요합니다.

니콜라이 극락조화
Strelitzia Nicolai

니콜라이 극락조화
Strelitzia Nicolai
원산지 : 남아프리카
—
큰 극락조화라고 불리우는 만큼 키가 크게 자라는 식물입니다. 직사광선을 피할 수 있는 창가쪽에 두고 키워보세요.

레기니아 극락조화
Strelitzia Reginae
원산지 : 남아프리카, 마다가스카르
—
극락조화 중에서 가장 아름다운 꽃을 피우는 식물입니다. 꽃이 마치 화려한 깃털을 가진 새가 날아가는 것처럼 보인답니다.

type : LEAF

천남성과

천남성과는 잎 무늬와 형태, 생깔이 다양하여 인기종이 많은 초본류입니다. 대표적인 식물인 스킨답서스나 안스리움처럼 키우기 쉬운 품종이 많아 초보지만 색다른 식물을 키워보고 싶은 분들에게 딱 맞습니다.

셀로움이나 몬스테라처럼 기근이 많이 나오는 것, 줄기가 나무처럼 위를 향해 와일드하게 자라는 것도 있어서 그 생장 과정을 충분히 즐길 수 있습니다. 추위에 약한 종이 많으므로 겨울철 관리에 주의합니다.

셀로움
Philodendron selloum

디펜바키아 세구이네 트로픽 스노우
Dieffenbachia Seguine Tropic Snow

셀로움

Philodendron selloum

원산지 : 브라질 남부, 파라과이

—

줄기가 곧고 굵게 뻗는 특성이 있는 식물입니다. 두껍고 광택이 있으며 색깔이 아름다운 잎사귀가 매력적입니다. 잎의 면적이 넓어서 겨울철 가습기 역할을 잘하고 실내 공기를 정화하는 능력이 좋아요.

알로카시아 오도라

Alocasia odora

원산지 : 열대아시아

—

알로카시아 중에서 인기있는 오도라는 제법 크게 성장하는 품종으로 공간이 넓은 장소에서 키우기 좋습니다. 반그늘을 좋아하고 실내에서 키우기 무난합니다.

몬스테라 델리시오사
Monstera deliciosa
원산지 : 멕시코, 중앙아메리카
—
커다란 잎이 갈라지거나 구멍이 있어 독특한 개성이 있는 식물. 그린 인테리어 소품으로 존재감이 있어 인기가 좋아요.

디펜바키아 세구이네 트로픽 스노우
Dieffenbachia Seguine Tropic Snow
원산지 : 원예품종(콜롬비아, 코스타리카)
—
줄기가 거의 없는 조밀한 식물. 짙은 색과 밝은 색의 여러 녹색과 크림색의 무늬가 아름다운 조화를 이룹니다. 분갈이할 때 펄라이트나 굵은 마사토를 섞어 배수가 잘 되게 해주세요.

스파티필름 미니메리
Spathiphyllum 'Mini Merry'
원산지 : 열대아메리카
—
관리하기 쉬워서 초보자에게 적당한 식물. 밝은 초록잎과 하얀 꽃의 조화가 아름다워요.

아글라오네마 실버퀸
Aglaonema 'Silver Queen'
원산지 : 원예품종(열대아시아)
—
영화 속 '레옹'이 애지중지 스프레이도 해주고 잎도 하나하나 정성껏 닦아주며 기르던 식물입니다. 시간이 흐를수록 은빛 무늬에 빠져들게 될 거예요. 수경재배나 물꽂이로도 잘 자랍니다.

아글라오네마 마리아
Aglaonema Maria
원산지 : 원예품종(열대아시아)
—
보기만해도 싱그러움이 넘치는 식물. 빛이 잘 안 드는 장소에서도 잘 견딜 수 있지만 저온에는 약합니다.

글로벌 그린 포토스(스킨답서스)
Epipremnum Pinnatum Global Green
원산지 : 원예품종(솔로몬 제도)
—
밝은 연녹색과 짙은 에메랄드 녹색 사이사이로 불규칙한 얼룩 무늬가 멋스러운 잎을 가지고 있어요. 공중뿌리를 내며 길게 자랍니다.

안스리움
Anthurium Andraeanum
원산지 : 콜롬비아
—
꽃처럼 보이는 것은 사실 불염포라는 부분입니다. 그 포가 붉은색으로 마치 꽃잎처럼 보이는 데다 독특하고 아름다워 오랫동안 감상할 수 있어요.

몬스테라 아단소니
Monstera friedrichsthalii Schott
원산지 : 코스타리카
—
크기를 작게 개량한 원예품종입니다. 지지대를 받치면 줄기가 타고 올라가 멋지게 자랍니다.

필로덴드론 버킨
Philodendron ‘Birkin’
원산지 : 원예품종(열대아메리카)
—
진한 녹색과 크림색의 스트라이프 무늬가 매력적인 식물로 무늬콩고라는 이름으로도 불려요. 습도가 높을수록 좋고 밝은 간접광에서 키우면 건강한 잎을 유지할 수 있어요.

스킨답서스 트루비
Scindapsus Pictus Trebie
원산지 : 원예품종(열대아시아)
—
전체적으로 잎이 은색인데 잎 중심은 짙은 녹색이에요. 고급스러운 느낌이에요. 줄기를 늘어뜨리며 길게 키우면 멋스러워요.

싱고니움 화이트 버터플라이
Syngonium podophyllum “White Butterfly”
원산지 : 원예품종(열대아메리카)
—
가늘고 긴 하트 모양의 잎이 아름다워요. 잎맥을 따라 형성된 하얗거나 황록색의 얼룩무늬가 더 사랑스럽습니다.

알로카시아 아마조니카
Alocasia amazonica Andr’e
원산지 : 원예품종(열대아시아)
—
금속성 광택이 있는 짙은 초록색의 잎이 거북이 등 모양으로 생겼다고 해서 거북등 알로카시아라고도 불립니다. 수경재배도 가능합니다.

type : LEAF

야자과

바늘·선형의 섬세한 잎이 특징이며 품종마다 잎의 길이와 모양이 다르며 서 있는 모습도 각양각색. 시원스런 모습이 인기입니다. 겨울철 건조한 실내에서는 공기와 흙의 건조로 잎끝이 갈색으로 마를 수 있으므로 부지런히 물을 주고 분무하여 예방합니다.

아레카야자는 2m 정도의 길이로 하루 물 1리터 분량을 증산하여 자연의 가습기 역할을 한다고 합니다. 이뿐만 아니라 실내 유해물질을 제거해준다는 것이 NASA의 연구로 증명되었기 때문에 사무실이나 매장에서 실내 정화식물로 많이 키웁니다.

아레카야자
Areca Palm

켄챠야자
Howea belmoreana
원산지 : 오스트레일리아
—

줄기가 힘 있고 단단한 느낌이 너무나도 매력적인 식물이에요. 줄기가 점점 자랄수록 섬유질이 밑 부분 줄기를 덮어 더욱 이국적인 매력을 느낄 수 있어요.

종려죽
Rhapis humilis
원산지 : 중국 남부
—

잎사귀가 종려나무와 비슷하고 줄기는 대나무와 비슷해서 붙여진 이름입니다. 잎은 손바닥 모양으로 갈라져 6~9개가 달립니다. 간접광, 반그늘에서 관리해주세요.

운남 종려죽
Rhapis humilis cv .'Unnann'
원산지 : 원예품종(중국 남부)

아레카야자
Dypsis lutescens
원산지 : 마다가스카르
—
NASA 발표 공기 정화 식물 1위. 줄기가 비교적 가늘고 매끄러우며 황록색 깃털 모양의 잎을 나선형으로 늘어뜨린 우아한 자태가 아름다운 야자입니다.

테이블 야자
Chamaedorea elegans
원산지 : 멕시코
—
아레카야자와 비슷하게 생겼지만 잎이 좀더 얇고 풍성합니다. 생각보다 물을 많이 흡수하지 않기 때문에 초보자가 키우기 좋습니다.

웨딜리아나 야자
Syagrus weddelliana
원산지 : 브라질 남부
—
아름답고 가느다란 깃 모양의 아치형 잎을 가진 야자나무. 직사광선을 피하고 흙은 촉촉하게 유지하세요.

type : LEAF

돌담배과

에스키난서스는 열대우림의 착생식물입니다. 잎은 약간 다육질이며 덩굴성이 있어 생장하면서 줄기가 길게 뻗어나갑니다. 잎 모양은 둥근 것, 가는 것, 말린 것 등으로 다양합니다. 건조에도 강해 걸이용 화분으로 자주 볼 수 있는 품종입니다.

봄부터 여름이 꽃이 피는 시기로 3~4cm 정도 나팔 모양의 빨갛거나 분홍색 꽃을 피웁니다. 꽃이 진 후에는 그 부분의 남은 꽃잎을 깔끔하게 정리해 주세요. 낙엽이 그루터기에 쌓일 수 있으므로 정기적으로 제거합니다.

에스키난서스 마르모라터스
Aeschynanthus Marmoratus

에스키난서스 마르모라터스
Aeschynanthus Marmoratus
원산지 : 열대아시아
—
행잉으로 키우면 멋진 식물로 녹색과 크림색 잎으로 뒤덮여 있으며, 각각의 잎은 뒷면에 빨간색 패턴이 있습니다. 열대 우림의 습도에 익숙하므로 봄부터 가을까지 잎에 정기적으로 분무하고 미지근한 물을 줍니다.

에스키난서스 타이핑크
Aeschynanthus 'Thai Pink'
원산지 : 열대아시아
—
덩굴 끝에 있는 칼집 같은 꽃받침에서 나온 작고 밝은 분홍색 관 모양의 꽃 때문에 립스틱 식물로 불립니다. 잘 관리하면 덩굴이 빠르고 쉽게 자라며 길이가 최대 1m로 행잉바구니나 마크라메에 이상적인 식물입니다.

type : LEAF

꼬리 고사리과

전세계의 열대지역에 많이 분포하는 이른바 양치식물. 원생지에서는 산악지대 바위의 갈라진 틈이나 돌담에서 자라며 뿌리와 줄기는 포복하는 것부터 직립하는 것까지 다양합니다. 잎 모양은 종류별로 다른데 원예품종도 많아 각각 개성적인 엽형을 즐길 수 있습니다. 대표적으로 아스플레니움(Asplenium)은 일본이 원생지이며 새순을 식용하는 지역도 있습니다. 시장에서는 주로 '아바스'라고 불립니다. 중심의 부드러운 부분을 적셔두면 새싹이 잘 나와요.

아스플레니움 프리카툼 아카키
Asplenium plicatum "Akaki"

아스플레니움 허리케인
Asplenium Hurricane
원산지 : 원예품종
—
광택이 나는 녹색 잎이 멋진 허리케인 모양으로 성장하는 식물입니다. 습도를 좋아하기 때문에 주방과 욕실에서 키우기 쉬워요.

아스플레니움 프리카툼 아카키
Asplenium plicatum “Akaki”
원산지 : 원예품종
—
싱그러운 녹색잎이 구불구불 물결치며 길게 자라는 식물입니다. 습도 유지가 잘 되어야 잘 자랍니다.

type : LEAF

파인애플과

아메리카 대륙의 열대 및 아열대가 주된 원생지로 숲, 암석지대, 사막 등 다양한 장소에서 볼 수 있습니다. 건조를 잘 견디기위해 잎과 잎 사이에 물을 저장하거나 잎에 융모를 길러 공기 중의 수분이나 질소 등을 효과적으로 흡수하는 등 다양한 모습으로 환경에 적응하고 있습니다.

1년 내내 천천히 성장합니다. 브리세아는 저수부분인 흙과 잎 양쪽에서 물을 흡수하므로 잎에도 분무하며 키우지만 추운 겨울철에는 몸통이 상할 수 있으므로 흙에만 물을 주며 관리합니다.

브리세아 페네스트랄리스
Vriesea Fenestralis

브리세아 페네스트랄리스
Vriesea Fenestralis
원산지 : 브라질
—
화려하고 넓은 연한 녹색 잎에 미세한 그물 모양의 미세한 무늬가 있고 군데군데 녹색과 빨간색 점이 있습니다. 끝을 향해 우아하게 말리는 잎 모양이 멋집니다.

디키아
Dyckia
원산지 : 원예품종(남아메리카)
—
길고 얇은 잎을 가지고 있으며 가장자리에 날카로운 가시가 있습니다. 심거나 자를 때 두꺼운 정원용 장갑을 착용하세요. 튼튼히 잘 잘라는 편이라 유지관리가 쉬워요.

브리세아 사운데르시

Vriesea Saundersii

원산지 : 중부~남아메리카

—

두꺼운 가죽 느낌의 잎은 푸른빛이 도는 밝은 청회색을 띠며 작고 붉은 점이 얼룩덜룩 잎을 뒤덮고 있습니다. 잎의 아래쪽에는 붉은 점이 더 많이 있어요.

디키아 그랑 마르니에

Dyckia Grand Marnier

원산지 : 원예품종(남아메리카)

—

잎 가장자리에 있는 흰색 가시가 독특하고 은녹색 잎이 구부러져 있습니다. 여름에는 규칙적으로 물을 주는 것이 가장 좋으며 겨울에는 거의 물을 주지 마세요.

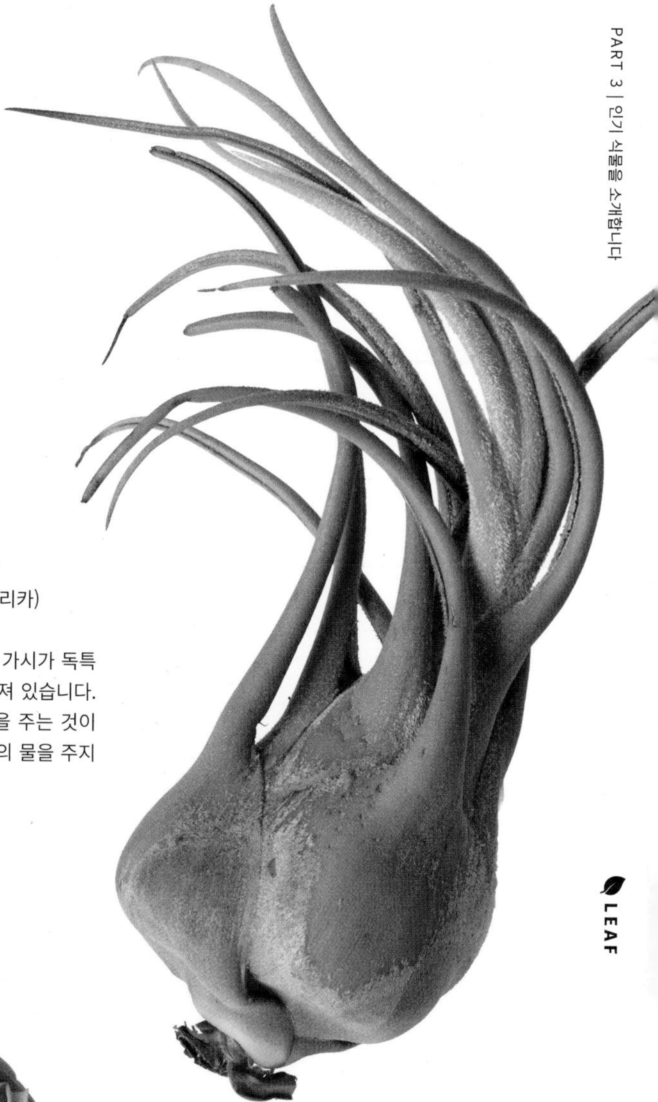

틸란드시아 셀레리아나

Tillandsia Seleriana

원산지 : 중부~남아메리카

—

솜털이 보송보송 달려있는 두껍고 구부러진 녹색 잎이 독특한 식물입니다. 보라색 꽃이 핍니다. 공기식물이라서 흙이 필요하지 않습니다. 1~2주에 한 번씩 1분 정도 물에 담갔다가 완전히 건조해 주세요.

틸란드시아 세로그라피카

Tillandsia Xerographica

원산지 : 중부~남아메리카

—

자라면서 돌돌 말리거나 나선형으로 휘어지는 은빛 잎사귀가 매력적인 식물. 공기식물은 외관이 화려하고 유지 관리가 거의 필요하지 않아 키우기 쉬워서 인기가 많아요.

type : LEAF

협죽도과

협죽도과의 초본류는 건조에 강해 물 주기 빈도가 낮고 덩굴성인 것이 많습니다. 매달아 장식할 수 있으며 손이 많이 가지 않아 인기가 있습니다. 호야는 아기자기한 별 모양 꽃이 피며 향기가 나는 종류가 많습니다. 디스키디아도 흰색 또는 빨강색 작은 꽃을 피웁니다. 토양 환경이 좋고 관리를 잘하면 꽃을 여러 번 즐길 수 있어요. 호야는 사방으로 줄기를 뻗으며 왕성하게 자라며 디스키디아는 아래로 드리워지게 잎을 뻗으며 자랍니다.

호야 켈리 바리에가타
Hoya kerriii ‘variegata’

호야 카노사 바리에가타
Hoya carnosa 'variegata'
원산지 : 원예품종(열대아시아)
—
잎이 두꺼워 물 주기를 깜빡해도 잘 자라는 덩굴성 식물. 잎사귀에 녹색, 크림색, 분홍색 3가지 컬러가 불규칙적인 무늬를 만듭니다. 10cm 정도 크기로 잘라 심거나 공중뿌리를 휘묻이해서 번식시킬 수 있어요.

호야 차이나빈
Hoya China Bean
원산지 : 중국, 네팔, 인도
—
길고 약간 광택이 나는 연녹색 잎과 어두운 가장자리가 있는 잎이 아름다워요. 가장자리는 빛의 양에 따라 붉게 변하기도 합니다. 뾰족한 잎이 종종 콩의 일종으로 오인되기 때문에 '차이나 콩'이라는 이름이 붙었습니다. 행잉 식물로 좋습니다.

호야 켈리 바리에가타

Hoya kerriii 'variegata'

원산지 : 태국, 라오스

—

잎사귀 모양이 귀여운 하트를 닮았어요. 짙은 녹색과 밝은 연두색 무늬가 예뻐요. 행잉으로 키우기 좋아요.

호야 카우다타

Hoya Caudata

원산지 : 인도네시아, 태국, 말레이시아

—

Caudata는 꼬리가 있다는 뜻을 가진 단어입니다. 길고 뾰족한 잎사귀 때문에 이름 지어졌습니다. 행잉으로 키우면 좋아요. 화려하고 이국적인 꽃을 피우지만 자주 피지 않고 피더라도 며칠 동안 잠깐만 볼 수 있답니다.

디스키디아 밀리언하트

Dischidia Ruscifolia

원산지 : 아시아, 오세아니아

—

뻣뻣하고 가느다란 녹색 줄기에 옅은 나뭇잎이 주렁주렁 달린 덩굴성 착생 식물. 행잉으로 키우면 늘어진 줄기가 멋스러워요. 줄기 끝과 잎 사이사이에 공중뿌리가 있습니다. 꽃집에서 보통 '디시디아'라고 부릅니다.

디스키디아 벤가렌시스
Dischidia Bengalensis
원산지 : 동남아시아
—
흙없이 살 수 있는 덩굴성 착생식물로 두껍고 좁은 잎이 줄기를 따라 달립니다. 따뜻한 계절에 종 모양의 크림색 꽃을 피웁니다. 잎이나 줄기가 잘리면 백색의 즙이 나오는데 손에 묻으면 깨끗이 씻어주세요.

호야 골든아이
Hoya Golden Eye
원산지 : 보르네오섬
—
호야는 동그랗게 여러 송이가 작은 별 모양 꽃을 피웁니다. 골든아이는 잎이 다른 호야보다 큰 편이고 길쭉하며 아름다운 황금색 꽃이 핍니다.

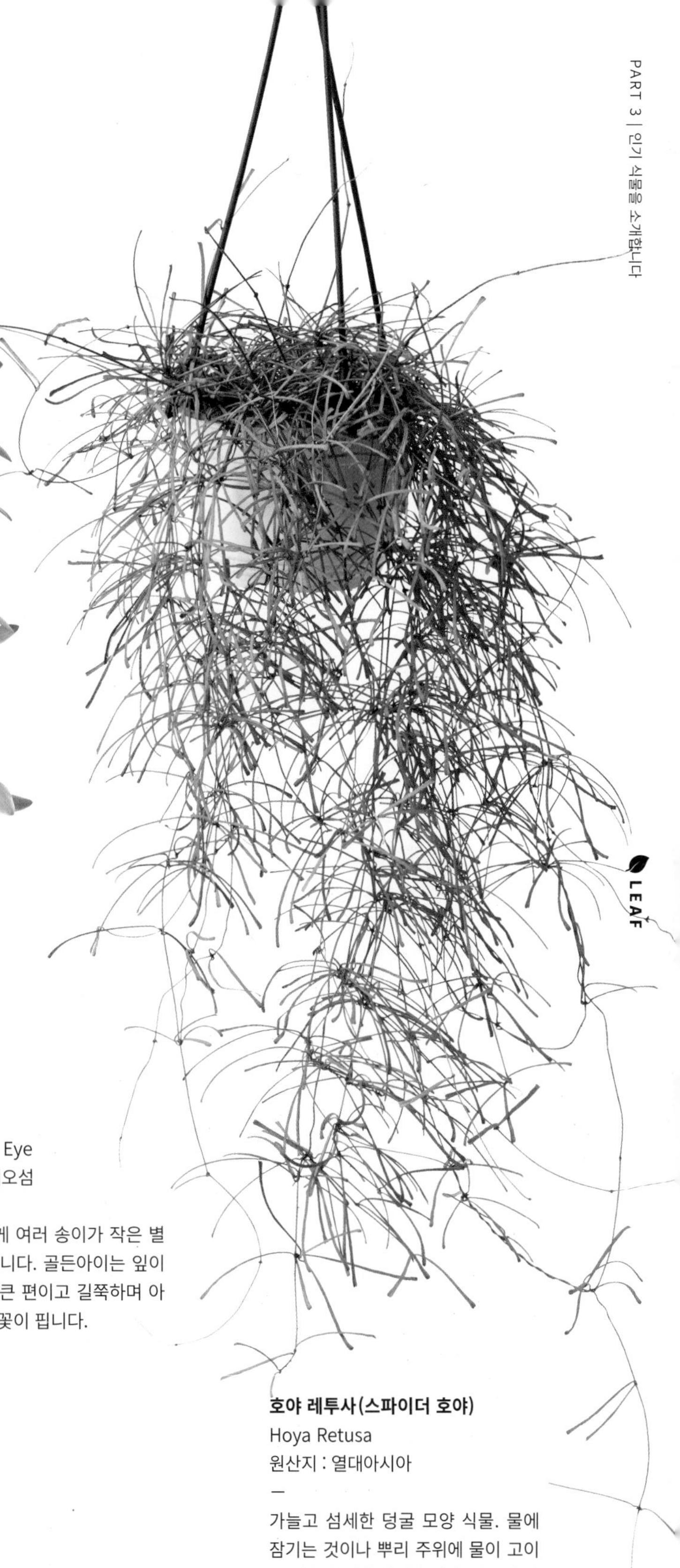

호야 레투사(스파이더 호야)
Hoya Retusa
원산지 : 열대아시아
—
가늘고 섬세한 덩굴 모양 식물. 물에 잠기는 것이나 뿌리 주위에 물이 고이는 것을 좋아하지 않습니다. 배수가 잘 되게 하고 밤보다 아침에 물을 주세요. 행잉으로 키우면 멋진 인테리어 아이템이 됩니다.

type : LEAF

마란타과

각 품종마다 크게 다른 잎색깔과 마치 그림을 그려놓은 듯한 잎의 독특한 무늬가 특징. 앞면과 뒷면의 색이 다른 것도 많아 그 대조적인 멋도 볼거리입니다. 새싹은 따뜻한 환경에서 통 모양으로 나온 후에 펼쳐지며 귀여운 꽃도 피웁니다. 낮에는 펼치고 있던 잎을 밤이 되면 바로 세우는 수면 운동을 하는 품종이 많은데 이것은 잎의 수분 증산을 막기 위한 것입니다. 빛의 차이뿐 아니라 흙의 건조나 강한 바람 등에 의해서도 일어납니다.

칼라테아 인시그니스
Calathea Lancifolia

칼라테아 인시그니스
Calathea Lancifolia
원산지 : 브라질
—
밝은 녹색과 짙은 녹색이 교차되는 뚜렷한 잎사귀 패턴 때문에 방울뱀 식물이라고 불립니다. 길고 좁은 잎사귀 가장자리가 주름져 있어요. 잎 뒷면은 보라색이고 밤에는 잎사귀를 접습니다.

칼라데아 오르나타
Calathea Ornata
원산지 : 원예품종(열대아메리카)
—
큰 녹색 잎에 분홍색 줄무늬가 있는 아름다운 식물. 돌보기가 까다로워서 초보라면 키우기 어려울 수 있습니다. 간접광을 좋아하고 촉촉한 토양을 유지시켜 주세요. 잎의 분홍색 줄무늬가 하얗게 변하기 시작하면 식물이 햇빛을 너무 많이 받고 있는 것이므로 그늘진 곳으로 옮기세요.

칼라데아 오르비폴리아
Calathea Orbifolia
원산지 : 열대아메리카
—
크고 둥근 잎에 옅은 은녹색 줄무늬가 아름다운 식물. 잎의 밑면도 옅은 은녹색입니다. 높은 습도를 항상 유지해주고 젖은 천으로 잎을 닦아 쌓인 먼지를 제거해 주세요.

칼라데아 프레임스타
Calathea Flamestar
원산지 : 열대아메리카
—
짙은 녹색과 밝은 연두색이 교차되는 잎 가장자리에 프레임을 두른 듯한 무늬가 아름다운 식물입니다. 높은 습도와 촉촉한 흙 상태를 유지시켜 주세요.

스트로만테 멀티 컬러
Stromanthe sanguinea ‘Triostar’
원산지 : 원예품종(열대아메리카)
—
밝은 연두와 진한 녹색, 자줏빛 컬러가 오묘하게 조화를 이룬 잎을 가진 식물입니다. 추위에 약하며 습도가 높은 환경을 좋아해요. 자주 분무해주세요.

칼라데아 뷰티스타
Calathea Beauty Star
원산지 : 열대아메리카
—
짙은 녹색과 밝은 연두색의 대비가 강해서 마치 그림을 그린 듯 아름다운 잎 패턴을 가진 식물입니다. 잎의 뒷면은 검붉은 색을 띱니다. 흙을 촉촉하게 유지해주고, 배수가 좋은 흙에 심어주세요. 뿌리 과습에 주의하여 관리하세요.

마란타 레우코네우라 파시아타
Maranta Leuconeura Fasciata
원산지 : 브라질
—
녹색, 연두색, 분홍색, 자주색 등 여러 컬러가 섞인 잎사귀 무늬가 독특해서 아름다우며 이국적인 분위기가 멋스러운 식물입니다. 반그늘을 좋아합니다.

칼라데아 워스체위지
Calathea Warscewiczii
원산지 : 열대아메리카
—
이국적인 벨벳 같은 잎사귀와 투톤의 녹색 윗면과 버건디 색 아랫면이 있습니다. 촉촉하고 배수가 잘 되는 토양과 밝은 간접광을 좋아합니다. 자주 분무해주세요.

type : LEAF

고란초과

잎사귀 뒷면에 빽빽하게 붙어있는 별같은 포자낭이 특징 중 하나입니다. 이 과의 식물은 화분뿐만 아니라 목부작이나 이끼공으로도 많이 키우는데 대부분이 착생식물이기 때문입니다.

포자엽을 사슴뿔처럼 활짝 펼친 박쥐란이나 독특한 잎 모양의 아글라오모르파 코로난스(Aglaomorpha coronans) 등을 천장이나 벽에 걸어서 장식하는 것이 인기입니다. 생장기인 봄부터 여름에 새싹이 돋아나서 자랍니다. 적당한 습도를 유지하며 직사광선이 닿지 않는 통풍이 잘 되는 장소에서 관리하세요.

악어고사리
Microsorum Musifolium Crocodyllus

블루스타 고사리
Polypodium Aureum cv.'Blue Star'
원산지 : 열대아시아

—

은은한 푸른빛이 감도는 구불구불한 매력적인 잎을 가지고 있습니다. 반그늘의 습한 조건을 좋아해요. 겉흙이 마르면 물을 충분히 주고 자주 분무해주세요.

박쥐란 네덜란드
Platycerium Bifurcatum Netherlands
원산지 : 원예품종(열대아시아)

—

땅을 향해 뻗은 잎의 모양이 거꾸로 매달린 박쥐와 닮아서 붙여진 이름입니다. 해외에서는 사슴뿔과 비슷하다고 해서 '사슴뿔 고사리'로 불립니다. 착생 식물로 매달린 바구니에서 자랄 수 있으며 나무에 고정할 수 있습니다. 많은 물을 필요로 하지 않으며 직사광선이 비치지 않는 조명이 좋은 실내에서 잘 자랍니다.

박쥐란 베이치

Platycerium Veitchii

원산지 : 오스트레일리아

—

다른 박귀란에 비해 잎이 가늘고 긴 편입니다. 건조한 환경에서도 잘 견디며 빛이 적으면 잎이 덜 자라기 때문에 강한 조명에서 키우는 것이 좋습니다.

아글라오모로파 코로난스
Aglaomorpha coronans
원산지 : 동남아시아
—
크고 풍성하게 자라는 착생 양치류입니다. 광택이 나는 풍부한 녹색을 띤 아치형 잎이 대담한 느낌입니다. 습한 환경을 좋아합니다.

악어고사리
Microsorum Musifolium Crocodyllus
원산지 : 동남아시아 오세아니아
—
잎은 연한 녹색에 상당히 두껍고 가장자리가 물결 모양을 이룹니다. 돌출된 그물 모양의 잎맥이 악어의 패턴과 비슷해 보여서 악어 고사리라 불려요. 높은 습도를 유지하고 규칙적으로 분무해 주세요.

type : SUCCLENTS

아스파라거스과

늠름하고 멋진 겉모습으로 애호가가 많습니다. 원예품종도 많이 나와 있는데 거의 매일매일 새로운 품종이 나옵니다. 공기 정화 효과가 높은 산세베리아, 데킬라의 원료로 알려져 있는 아가베(용설란)도 이 과의 대표적인 인기종.

다육질인 잎에 수분을 저장해두기 때문에 건조에 강하며 화분에서 키울 때는 생장 속도가 느려집니다. 산세베리아는 봄에서 여름에 걸쳐 꽃을 피우며 아가베는 몇 십 년에 한번 피웁니다. 개화 후에 아가베는 그 그루가 시들어버립니다.

아가베 데스메티아나
Agave Desmettiana

산세베리아 본셀렌시스
Sansevieria boncellensis

산세베리아 마소니아나 백금
Sansevieria Masoniana Variegata
원산지 : 열대아프리카
—
잎을 따라 다양한 두께의 노란색 세로 줄무늬가 모든 잎을 독특하게 만듭니다. 흙이 완전히 마른 후에 물을 주세요. 겨울에는 물을 조금씩 줍니다. 잎에 물을 저장하는 대부분의 다육 식물과 마찬가지로 산세베리아는 젖은 흙에서 빠르게 썩습니다.

아가베 데스메티아나
Agave Desmettiana
원산지 : 멕시코
—
녹색 잎의 가장자리에 밝은 노란색 줄무늬가 매력적입니다. 잎은 가장자리로 갈수록 가늘어지고 끝 부분은 구부러져 우아한 아름다움도 있습니다. 건조한 환경을 좋아합니다.

아가베 블루 엠페러
Agave Attenuata 'Blue Emperor'
원산지 : 원예품종(멕시코)
—
끝이 검은색으로 멋진 푸른 잎사귀가 특징입니다. 추위에 강하고 더위를 좋아하며 햇볕이 잘 드는 곳에서 잘 자랍니다.

아가베 아테누아타(여우꼬리 용설란)
Agave attenuata
원산지 : 멕시코
—
가시가 없고 소담한 잎 모양이 꽃같아 보여요. 새잎이 가운데에서 뾰족하게 돋습니다. 길게 자라는 꽃대의 모습이 특이해서 여우꼬리라는 별명을 얻었지만 10년 이상 키워야 꽃을 볼 수 있어요.

뇌신용설란
Agave Potatorum
원산지 : 멕시코
—
잎 가장자리가 물결 모양을 이루고 있는 주걱형의 잎을 가지고 있어요. 10년 이상 키워야 꽃을 볼 수 있습니다.

산세베리아 코퍼톤
Sansevieria Kirkii Var Pulchra “Coppertone”
원산지 : 열대아프리카
—
잎의 가장자리가 물결 모양처럼 구불거리고 구릿빛 청동 느낌이 감도는 잎사귀는 단단하게 느껴집니다. 독성이 있어서 아이와 동물로부터 분리해야 하지만, 회복력이 좋아 초보자가 기르기에 적당합니다.

산세베리아 본셀렌시스(뿔스투키)
원산지 : 아프리카, 남아시아
—
통통한 손가락처럼 생긴 몸통이 사방으로 뻗어나 있는 게 특징입니다. 높이 자라지는 않고 통통한 자구를 계속 만들면서 성장합니다. 과습에 주의하세요.

산세베리아 바큘라리스
Sansevieria Bacularis
원산지 : 아프리카
—
현대적 인테리어와 잘 어울리는 가느다란 창 모양의 잎사귀를 가지고 있어요. 공간을 많이 차지하지 않지만 공간을 아름답게 만드는 식물 중 하나입니다. 가장 주의할 사항은 과습입니다.

국화과

다육식물로 인기있는 녹영(콩란)은 덩굴성이 있어 잎줄기가 자라며 늘어지므로 선반 위에 놓고 장식하거나 걸이식 화분에 심어 즐깁니다. 따뜻해지는 초봄부터 여름에 걸쳐 작은 꽃을 많이 피웁니다.

얼룩무늬, 반달, 복숭아, 루비 등 많은 종류가 있지만 그 중에서도 돌고래 다육은 돌고래가 점프하는 듯한 모습이 나란히 연속되는 잎 모양으로 세계적인 인기를 얻고 있습니다. 장마철의 물러짐, 여름철 고온다습으로 인한 뿌리 썩음병에 특히 주의해야 합니다.

녹영
Senecio Rowleyanus Jacobs

돌고래 다육
Senecio Peregrinus
원산지 : 원예품종(아프리카 북서부)
—
가느다란 줄기에서 돌고래가 점프하는 모양의 잎사귀가 달리며 길게 자라는 식물. 바구니에 매달아 행잉으로 키우면 멋지게 아래로 자랍니다. 작고 하얀 계피향이 나는 꽃을 피우기도 합니다.

녹영
Senecio Rowleyanus Jacobs
원산지 : 남아프리카
—
완두콩처럼 생긴 초록 구슬이 덩굴 모양으로 자라는 식물. 방울선인장, 콩선인장이라고 불리기도 합니다. 꺾꽂이, 포기나누기로 번식시키는 재미가 있어요.

type : SUCCLENTS

크산토로이아과

인기가 많은 하월시아는 아주 고가의 품종도 있습니다. 빛을 받으면 물방울처럼 투명해 보이는 사랑스런 잎을 가진 옵튜사. 투명한 창에서 빛을 흡수하며 생장하고 봄부터 초여름에 걸쳐 꽃을 피웁니다. 옆에서 자주(子株)가 나오며 늘어납니다. 국화과와 같은 방법으로 키워주세요.

알로에 디코토마는 알로에 중에서도 최대종으로 알려져 있으며 대주(大株)의 줄기를 만졌을 때의 매끈매끈한 수피의 질감에서 생장의 역사를 느낄 수 있습니다. 원생지에서는 10m 이상도 자란다고 합니다.

알로에 디코토마
Aloe Dichotoma L.F

알로에 디코토마
Aloe Dichotoma L.F
원산지 : 남아프리카

—

나무 모양 알로에. 줄기의 껍질은 아름다운 갈색의 황금빛을 띠며 단단하게 자랍니다. 여름에 휴면하고 가을부터 겨울에 자라는 식물입니다.

하월시아 옵튜사
Haworthia Obtusa
원산지 : 남아프리카

—

투명하게 보이는 통통한 잎이 매력적인 식물입니다. 자구로 번식을 하는 대표적인 다육식물로 자구를 떼어내어 다른 화분에 심어 번식을 합니다.

type : SUCCLENTS

돌나물과

수분을 저장할 수 있는 두툼한 잎과 줄기가 특징. 오래 전부터 인기있는 화월(염좌)은 겨울에 연분홍색 작고 귀여운 꽃을 피웁니다. 1년 내내 밝은 곳에서 키우고 겨울에 물 주기를 자제하면 꽃이 잘 핍니다. 광택있는 흑자색으로 인기있는 흑법사는 마치 꽃이 피는 것처럼 줄기에서 새로운 싹이 나오며 생장합니다. 여름에 휴면하고 그 외의 시기에 생장하는 겨울형 성질을 갖고 있어 다른 식물이 생장을 멈추고 있는 겨울에도 새순을 즐길 수 있습니다.

흑법사
Aeonium arboreum 'zwartkop'

흑법사
Aeonium arboreum ‘zwartkop’
원산지 : 원예품종(지중해 연안)
—
겨울에 쑥쑥 성장하고 여름에 이파리가 짙은 자주색으로 변하면서 휴면합니다. 성장 주기에 따라 겨울에는 물을 충분히 주고 여름에는 물을 적게 주거나 주지 않아요. 꺾꽂이로 번식시킬 수 있어요.

화월
Crassula ovata
원산지 : 남아프리카
—
싱그러운 연두색 바탕에 테두리를 따라 빨갛게 물이 드는 귀여운 식물이에요. 염자라고도 하며 국민다육으로 불리웁니다. 나무처럼 자라는 성질이 있어, 가지치기를 통해 멋진 수형을 만들 수 있어요.

type : SUCCLENTS

꿀풀과

꿀풀과는 잎에 정유 성분을 포함하고 있어서 향이 나는 품종이며 허브로 널리 사랑받고 있습니다. 쿠바 오레가노는 둥근 잎이 사랑스러운 다육질의 허브입니다. 잎을 손가락으로 문지르면 상쾌한 향기가 납니다. 탈취 효과가 있으며 방향제로 쓸 수 있습니다.

잎끝, 줄기 중간, 그루터기 부분에서 새싹이 계속 돋아나므로 끝부터 따면서 키웁니다. 생육기에 잎이 너무 많으면 노랗게 되면서 떨어지는 경우가 있으므로 잎자루를 제거해줍니다.

쿠바 오레가노(장미허브)
Plectranthus Amboinicus

쿠바 오레가노(장미 허브)
Plectranthus Amboinicus
원산지 : 동남아시아, 인도, 남아프리카
—
줄기 끝에 오밀조밀 모여 있는 잎 모양이 장미꽃을 닮았다고 해서 장미 허브라고 이름 지어졌어요. 키우기 쉽고 번식시키기도 쉬워서 반려 식물로 인기 있습니다.

type : SUCCLENTS

에우프로니아과

동남아시아, 남미, 아프리카 등의 열대가 원산지인 다육식물로 매우 독특한 형태와 외형의 품종이 많아 인테리어 식물로 인기가 높습니다. 그중에서도 좀비 플랜트라고 불리는 잎이 죽은 듯한 불그스름한 색깔인 유프로비아 플라티클라다(Euphorbia platyclada)는 압권.

구불구불 길고 가느다랗게 뻗어나가는 연필 선인장(Euphorbia oncoclada)도 독특함으로는 지지 않습니다. 따뜻해지는 초봄에는 대부분이 작은 꽃을 피우는데 진기한 몸통과 귀여운 꽃의 대조를 함께 즐길 수 있어요.

연필 선인장
Euphorbia Oncoclada

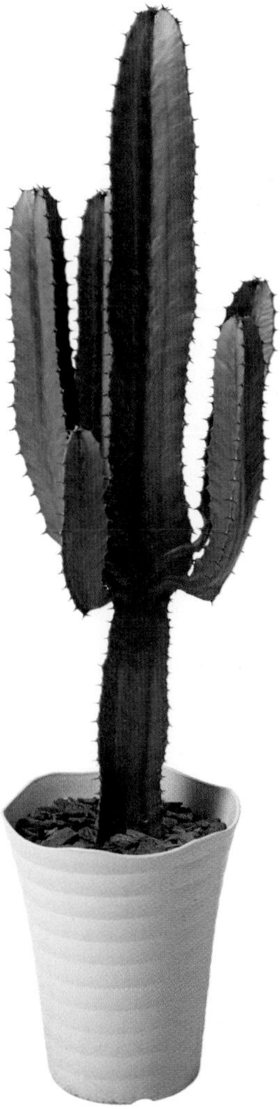

만악선인장
Euphorbia Abyssinica
원산지 : 열대아프리카
—
시간이 지남에 따라 기둥 또는 촛대 모양으로 화려하게 자랍니다. 중대형 크기로 분류되는 선인장이므로 여유 있는 공간에서 기르세요.

연필 선인장
Euphorbia Oncoclada
원산지 : 마다가스카르
—
연필처럼 가늘고 길게, 또 구불구불하게 자랍니다. 선인장이지만 가시가 없고 봄에는 작고 노란 꽃을 피웁니다.

유포르비아 플라티클라다
Euphorbia Platyclada
원산지 : 마다가스카르
—
뿌리줄기에서 납작하고 기이한 모양의 적갈색 줄기가 뻗어나갑니다. 죽은 것처럼 보여서 죽은 식물이라고 불리기도 합니다. 주로 늦여름에 흐릿한 갈색을 띤 아주 작은 꽃이 열립니다.

파티오라금(밀크부쉬)
Euphorbia tirucalli
원산지 : 남아프리카
—
여기저기 뻗어나가는 가지가 멋집니다. 성장이 빠른 편이고 가지치기 해서 삽수를 하는 방식으로 번식시키기 쉬운 식물입니다. 가지를 자를 때 우윳빛 액체가 나오는데 독성이 있으므로 주의하세요.

화이트 고스트 선인장
Euphorbia Lactea 'White Ghost'
원산지 : 원예품종(인도)
—
흰색 또는 크림색의 매력적인 색감이 예쁜 식물입니다. 기둥 아래 부분이 흰색에서 갈색으로 변해간다면 과습 되었을 확률이 높으니 잘 관리하세요.

춘봉 선인장
Euphorbia lactea cristata
원산지 : 인도
—
얼핏 보면 굵은 녹색 줄기에 꽃이 피어 있는 것처럼 보이지만 녹색과 흰색이 혼합된 볏모양의 줄기입니다. 식물을 자르면 유백색 수액이 나오는데 독성이 있으므로 조심해야 합니다.

꽃기린
Euphorbia milii
원산지 : 마다가스카르
—
봄부터 가을까지 꽃을 피워 오랜 시간 꽃을 볼 수 있는 식물입니다. 꽃이 솟아 오른 모양이 기린을 닮았다고 해서 이름이 지어졌어요. 5~6월에 삽목을 해서 번식시킬 수 있는데, 줄기를 자를 때 하얀 수액과 가시를 조심하세요.

철갑환
Euphorbia Bupleurifolia
원산지 : 원예품종(남아프리카)
—
줄기 끝에서 가는 잎사귀들이 우산을 펼친 것처럼 퍼지며 자랍니다. 파인애플 선인장, 괴마옥이라고도 불립니다. 식물에서 나오는 유백색 수액은 독성이 있으니 조심하세요.

type : SUCCLENTS

선인장과

북아메리카, 중앙아메리카가 원생지인 다육질의 식물. 선인장과 그 외의 다육식물의 차이는 선인장에는 자좌(刺座 : areole 가시가 나오는 흰색 솜털 부분)가 있다는 점입니다. 여기에서 여러 개의 가시가 나오는데 퇴화된 것도 있습니다.

모양은 기둥 모양, 끈 모양, 공 모양 등 품종별로 다양합니다. 생장기인 봄부터 가을에는 따뜻하고 밝은 장소에서 관리하면서 흙이 마르면 물을 주고 휴면기인 겨울에는 물을 삼가는 식으로 일 년 내내 탄력적으로 관리해주면 꽃을 잘 피웁니다.

가시없는 귀면각
Cereus repandus

가시없는 귀면각
Cereus repandus
원산지 : 원예품종(브라질, 우루과이)
—
대표적인 기둥 선인장. 주로 외목대로 성장하고 중심부에 있는 단단한 목심이 지탱해줍니다. 분갈이의 핵심은 물 빠짐이므로 물이 잘 빠지도록 스티로폼과 굵은 마사를 이용하고 물을 줄 때 한번에 듬뿍주세요.

로드킬 선인장(만세 선인장)
Opuntia rubescens
원산지 : 서인도제도
—
마치 두 팔을 벌리고 만세를 하고 있는 모습 때문에 만세 선인장으로도 불립니다. 가시가 없고, 수형이 멋지게 자라 인기가 높습니다. 선인장은 밤에 산소를 배출하고 이산화탄소를 흡수하기 때문에 침실이나 아이들 방에서 키우면 좋아요.

립살리스 세레우스쿨라
Rhipsalis cereuscula
원산지 : 남아메리카
—
마디에서 두세 개의 새로운 줄기를 내며 쉽게 잘 크는 식물. 햇빛을 많이 보게 하면 노란 꽃을 피웁니다. 꺾꽂이로 잘 번식해서 키우는 재미가 있답니다.

립살리스 카수타
Rhipsalis Cassutha
원산지 : 열대아메리카, 스리랑카 등
—
립살리스 가운데 가장 가늘고 하늘하늘한 연둣빛 줄기를 가진 식물. 직사광선을 피해 유리창이나 커튼을 통과해 빛을 받게 하고 바람이 잘 통하는 곳에서 관리하세요. 작고 하얀 꽃을 피웁니다.

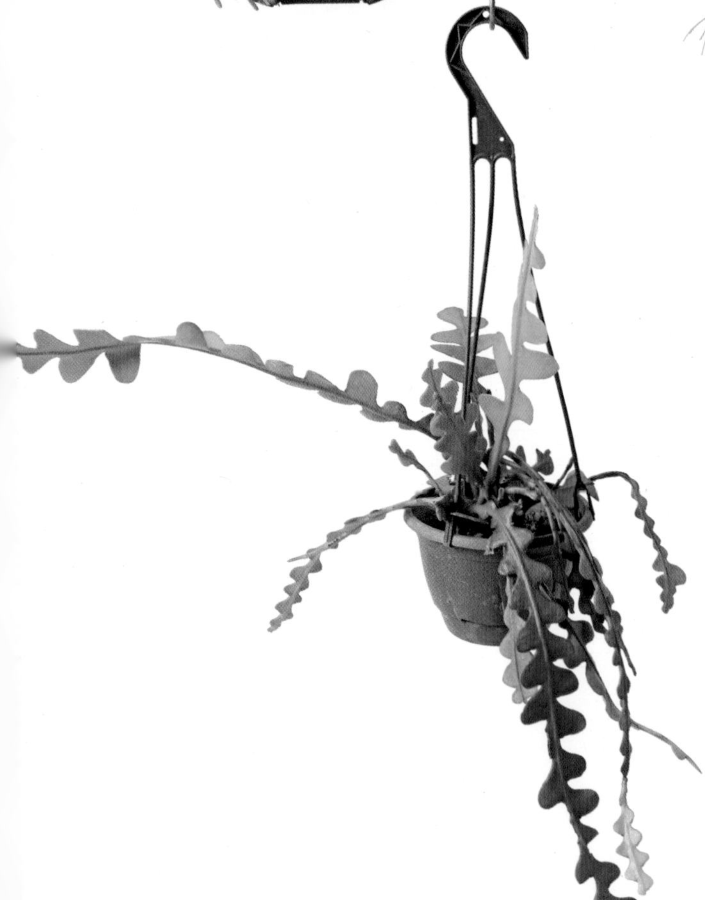

생선뼈 선인장
Epiphyllum Anguliger
원산지 : 중부~남아메리카
—
생선뼈 모양을 닮은 귀여운 생선뼈 선인장은 피쉬본 선인장으로도 불립니다. 반양지를 좋아하고 물을 좋아합니다. 흙이 마르면 듬뿍 주세요.

원숭이 꼬리 선인장
Cleistocactus colademononis
원산지 : 남아메리카
—
이름처럼 긴꼬리원숭이 꼬리를 닮아 길게 늘어지는 모습이 독특한 식물입니다. 보송보송한 털을 쓰다듬으면 부드러운 느낌이 듭니다. 줄기를 잘라 며칠 동안 말린 후에 다시 심으면 잘 자랍니다.

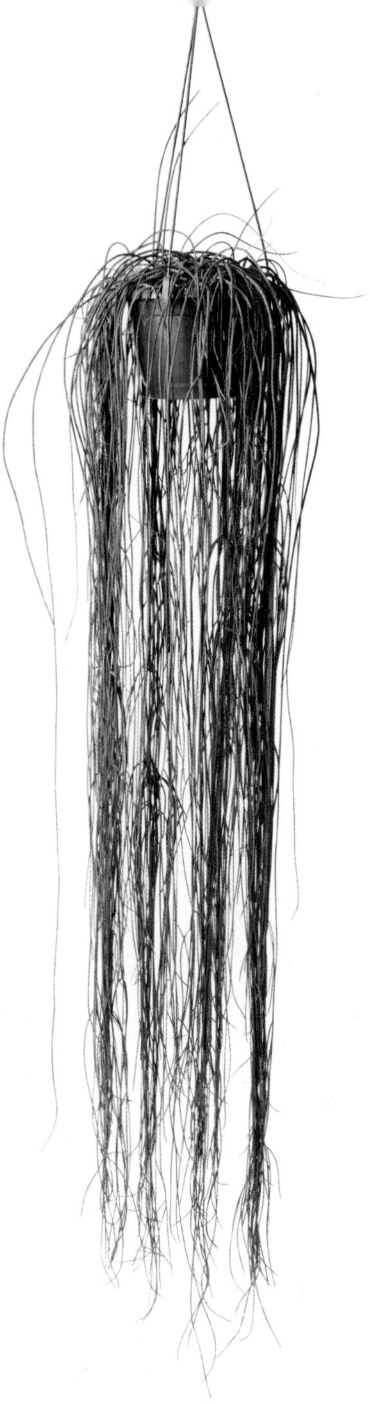

립살리스 에왈디아나
Rhipsalis Ewaldiana
원산지 : 남아메리카
—
작은 하얀색 꽃을 피우는 행잉 식물. 줄기를 잘라 심으면 쉽게 다시 뿌리를 내립니다. 물이 배수구로 흘러나올 정도로 깊이 물을 주고 흙이 완전히 마를 때까지 기다렸다가 다시 물을 주세요.

립살리스 프니세오이디스카스
원산지 : 남아메리카
—
행잉으로 키우기 좋은 식물. 직사광선보다는 간접 광을 좋아하며 분무해주며 공중 습도를 높여주면 좋습니다.

type : SUCCLENTS

박과

열대지방에 많이 분포하는 덩굴성 식물. 대표적인 관엽식물은 다육질인 녹태고입니다. 유통명은 두께감 있는 둥근 잎이 북처럼 생겨서 붙여졌습니다. 걸이용 화분에 심은 모습으로 자주 보지만 원생지에서는 크게 자라면 1m 정도의 관목이 됩니다.

서서히 생장하며 따뜻해지는 초봄에 작고 옅은 황록색 꽃을 피웁니다. 비교적 작을 때는 잎이 흙을 향해 자라고 생장하여 잎이 많아져 무거워지면 화분 밖으로 늘어집니다.

녹태고(실버 달러 플랜트)
Xerosicyos Danguyi

녹태고(실버 달러 플랜트)

Xerosicyos danguyi

원산지 : 마다가스카르

—

둥글둥글한 동전을 닮은 녹태고는 덩굴성 다육식물로 길게 자라요. 지지대를 타고 위로 자라거나 잎이 무거워지면서 축 늘어집니다. 새잎이 돋을 때 잘 마를 수 있으니 분무해주세요.

PART 4

식물과 함께 살기 위한 기초 지식

식물과 함께 생활하기 위한 기초 지식입니다. 식물에게 있어 매일의 보살핌은 필수 불가결. 일 년 내내 식물과 함께 생기있게 살아갈 수 있는 법을 실었습니다. 많은 분들이 어렵게 생각하는 가지치기 방법도 사진과 함께 자세히 설명해두었습니다. 또 고객들이 실제로 매장에 문의했던 사항을 모아두었으므로 식물에 이상이 있다고 생각될 때 펼쳐보면 도움이 되겠지요?

물 주기의 기본

물 주기는 식물을 보살피는 작업 중에서 가장 중요한 일 중 하나입니다.
물 주기를 잘하면 식물은 튼튼하게 쑥쑥 잘 자랍니다.
물 주기의 의미를 이해한 후, 식물이 보내는 신호를 놓치지 말고 해당 식물에 맞게 물을 주세요.

1 물 주기에 대하여

물 주기의 기본은 '흙이 속까지 완전히 마르면 흙 전체에 골고루 물을 주어 화분 바닥으로 물을 흘려 내보낸다'입니다. 흙이 말랐는지 확인하는 방법은 흙 표면의 색이 옅어지면 손으로 만져 습기를 확인하는 것, 화분의 무게를 체크하여 가벼워졌는지 보는 것, 토양 수분 측정기를 이용하는 것 등입니다.

흙이 마르면 흙 속 공기층에 벌레나 균, 뿌리 호흡으로 인해 나온 노폐물이 쌓입니다.

그 상태에서 물을 주면 흙 속의 노폐물이 물과 함께 화분 바닥의 구멍으로 빠져나가 흙 속은 깨끗한 물과 공기로 채워집니다. 또 뿌리 호흡을 위해 필요한 산소를 이 물 주기로 보충합니다.

물은 흙 전체에 골고루 주는 것이 포인트입니다. 화분 받침에 고인 물은 노폐물이 포함되어 있으므로 재사용하지 말고 반드시 버리세요. 이 '마르다', '물주기', '노폐물 배출'의 사이클이 빠를수록 식물의 생육 환경은 좋아집니다. 흙이 너무 많으면 뿌리가 잘 마르지 않아 질식해버리거나(뿌리 썩음), 노폐물이 빠져나가지 않고 새로운 산소도 들어가지 못해 토양 상태가 불량해집니다. 그래서 식물 크기에 맞는 화분의 선택도 중요합니다.

2 물 주기 포인트

식물은 저장한 수분을 사용해서 낮 동안에 활동하므로 물은 오전 중에 주세요. 또 잎 표면에도 분무기로 물을 뿌려줍니다. 이렇게 해주면 생육환경이 좋아져서 벌레와 균도 억제됩니다. 잎사귀 분무는 하루에 몇 번을 하든 괜찮으니 자주 해주세요.

3 흙이 말랐을 때 뿌리가 자란다

흙이 마르면 뿌리는 물을 찾아 뻗어나갑니다. 뿌리가 제대로 뻗은 좋은 몸통으로 키우려면 흙의 건습에 유연성을 주는 것이 중요합니다. 또 흙이 마르는 간격은 더운 여름과 추운 겨울이 다르므로 잘 관찰하면서 물을 줍니다.

BASIC

시들지 않고 싱싱하게 키우려면

아무리 튼튼한 품종을 골랐어도 잘 보살피지 않으면 식물은 점점 약해집니다.
땅에 직접 심는 것과 달리 화분이나 플랜터에서 키우는 것은 식물에게 무척 가혹한 상황이라는 것을 기억하세요.
시들지 않게 잘 키우기 위한 네 가지 포인트를 알려드립니다

1 물의 양과 빈도를 마음대로 정하지 않는다

'그냥 주말에 몰아서 집에 있는 식물 전체에 물 한 컵씩만 주기로 했어요'와 같은 방법으로 키우는 분이 있는데 이러한 자신만의 방식은 금물입니다. P.126의 물 주는 방법에 따라서 필요한 때에 필요한 양을 주세요.

2 기본은 실내 관리! 밖에 내놓아도 되는 시기는 봄과 가을

관엽식물은 실내에서 키웁니다. 한여름이나 한겨울에 장시간 야외에 내놓으면 직사광선이나 추위로 인해 잎이 상하고 심지어는 몸통이 손상되면서 치명적인 상처를 입고 시들어버리는 경우도 있습니다. 바깥에 내놓아도 괜찮은 기후의 기준은 20도 이상 30도 미만이며 직사광선은 피해야합니다.

3 함부로 분갈이하지 않는다

분갈이는 적절한 시기와 타이밍(P.134 참조)이 아니라면 식물을 손상시킵니다. '힘이 없어 보여서 그냥', '시기에 관계없이 구입하자마자 바로 분갈이'하는 것은 금물. 특히 약해진 포기를 옮겨 심는 것은 치명상이 될 수 있습니다.

4 잘 관찰한다

매일매일 상태를 확인하는 것이 장수 비결입니다. 벌레가 생겨 끈적거리지 않는지, 잎이 아래로 처지거나 노랗게 변하지 않았는지 등 식물의 상태를 잘 관찰하세요. 빨리 발견할수록 대처도 빨라지므로 식물을 건강하게 관리할 수 있습니다.

기본 도구

꼭 필요한 최소한의 도구는 '필수 도구', 여유가 있다면 갖추면 좋은 도구는 '있으면 편리한 도구'로 정리했습니다.
'필수 도구'는 식물을 구입할 때 함께 구입해두세요.
나머지는 필요에 따라 나중에 구입하면 됩니다.

필수 도구

분무기
잎사귀에 물을 뿌릴 때 사용합니다. 미세 분무 타입을 추천.

원예용 가위
가지치기 등의 손질을 할 때 사용합니다.

물뿌리개
디자인이 무척 다양하므로 취향에 맞는 것을 구입하세요. 주둥이 부분이 가는 것이 쓰기 편리합니다.

원예용 장갑
흙을 만질 때나 분갈이 등 작업을 할 때 손을 보호해줍니다.

분갈이 삽, 원예삽
분갈이나 흙을 보충할 때 사용합니다.

화분 받침
화분 바닥에서 흘러나오는 물을 받는 받침.

있으면 편리한 도구

토양 수분 측정기
흙 속의 수분을 재서 물 주기 타이밍을 알려줍니다.

이동식 화분 받침대
무거운 화분을 이동할 때 편리. 디자인도 다양합니다.

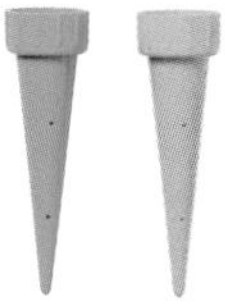

화분 자동급수기
집을 비울 때 자동으로 물을 줍니다. 페트병에 꽂아서 사용.

식물 조명
어두운 곳에서도 식물을 기를 수 있습니다.

수건
잎사귀나 화분을 닦을 때 사용합니다. 식물 전용으로 준비해두세요.

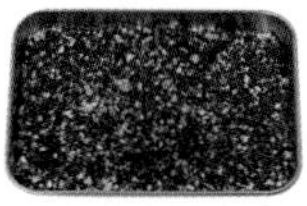

관엽 식물용 흙
분갈이할 때나 흙이 줄었을 때 사용합니다.

신문지
실내에서 분갈이를 할 때나 손질할 때 식물 밑에 깔아줍니다.

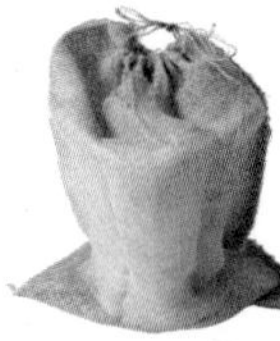

화분 커버
집안 인테리어와 식물 자체에 어울리는 것을 골라 멋스럽게.

온습도계
식물에게 적당한 온습도를 측정하기 위해 사용합니다.

멀칭재
흙을 가려주는 인테리어 재료로 사용. 습도가 올라가므로 물을 준 후, 이틀은 제거합니다.

BASIC

비료의 기본

기운 없어 보인다고 무작정 비료를 주면 식물을 더 약하게 만들 위험이 있습니다.
비료에 대해 잘 이해한 다음, 올바르게 사용하세요.
용법 및 용량은 구입한 비료의 설명서를 참고하시면 됩니다.

비료에 대해서

비료는 '종류'와 '시기'를 잘 기억해둡니다. 종류는 크게 두 가지로 나뉩니다. 하나는 식물이 살기 위해 필요한 3대 요소인 질소, 인산, 칼륨이 주성분인 비료, 다른 하나는 3대 요소 이외의 활성화 성분이 주성분인 활력제입니다.

비료는 식물의 생육이 목적인데 비해 활력제는 식물을 튼튼하고 문제없이 키우는 것이 목적입니다. 인간의 식사에 비유하면 비료는 주식으로 밥이나 빵, 활력제는 보조식으로 채소와 과일, 건강보조식품이나 에너지 음료인 셈입니다.

활력제만으로는 양분이 부족하므로 비료를 준 후 활력제를 병용합니다. 주는 시기는 생육기인 봄이나 가을입니다. 한여름·한겨울·분갈이 직후·상태불량일 때는 주지 않습니다. 각 비료의 사용량을 참고해서 줍니다. 3대 요소인 '질소·인산·칼륨'은 성분비율이 비료 포장지에 반드시 표시되어 있습니다. 질소는 잎, 인산은 꽃과 열매, 칼륨은 뿌리에 좋습니다.

대표적인 비료의 종류와 사용법

비료

하이포넥스 원액
물로 희석하여 그루터기에 줍니다. 액체 타입으로 효과가 빠르게 나타납니다.

비료

하이포넥스 큐트
희석할 필요없이 쓸 수 있어 간편. 잎 색깔을 선명하게 하고 싶을 때.

비료

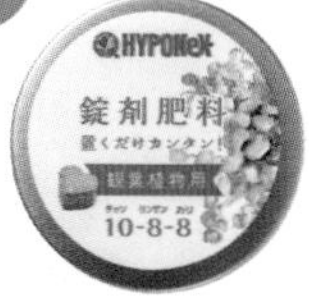

정제배료 관엽식물용
약 1개월 정도 효과가 천천히 지속됩니다. 귀여운 하트형 정제라 인테리어에도 딱.

비료

프로믹 관엽식물용
약 1개월 정도 천천히 효과가 지속됩니다. 잎색깔을 선명하게 해주고 생육을 촉진시킵니다.

비료

MAGAMP K
효과가 1년간 지속됩니다. 분갈이할 때 흙과 섞어서 사용합니다.

활력제

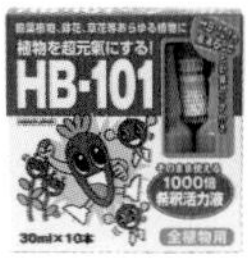

HB 101 앰플
식물을 건강하게 해주는 활력액으로 계절 상관없이 사용할 수 있습니다. 흙을 촉촉하게 만든 후에 직접 꽂아줍니다.

활력제

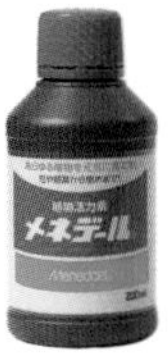

메네델
건강할 때나 약해졌을 때 모두 쓸 수 있는 발근활력제. 꺾꽂이나 분갈이할 때도 사용 가능.

활력제

캐나디안 풀빅산
Canadian Fulvic Acid
광합성을 활성화하여 뿌리·잎·줄기를 굵고 튼튼하게 해줍니다. 면역력 향상도 기대할 수 있어요

BASIC

식물이 좋아하는 4가지 환경

집 안에 식물이 좋아하는 환경을 만들어주면 식물은 무럭무럭 자랍니다.
본래, 밖에서 자생하던 것이므로 완전히 같은 환경을 만들어주는 것은 어렵지만
이 네 가지 환경을 의식하면서 관리하세요.

1 태양광이 밝게 들어온다

식물은 태양광이 없으면 광합성을 하지 못해 제대로 자라지 못합니다. 형광등만으로는 광량이 적고 빛의 파장이 광합성에 적합하지 않기 때문에 웃자라고 색이 빠져버립니다. 어두운 장소에서 키울 때는 식물용 조명을 사용합니다.

2 공기의 흐름이 있다

식물은 원래 밖에서 자라기 때문에 공기의 흐름이 정체된 환경을 질색합니다. 묵은 공기를 밖으로 내보내고 신선한 공기를 순환시켜주어야 건강하게 자랄 수 있어요. 창문을 열거나 서큘레이터를 이용하여 공기가 흐르게 해주세요.

3 고온다습

관엽식물 자생지는 고온다습한 환경이 대부분입니다. 가능한 자생지에 가까운 환경을 만들어 관리해줍니다. 하루 중 어느 때든지 10도 이하로 온도가 떨어지는 곳을 피하고 분무기나 가습기를 사용하여 습도를 보충해주세요. 에어컨 바람을 직접 쐬면 극도로 건조해지므로 절대적으로 피합니다.

4 환경 변화가 적다

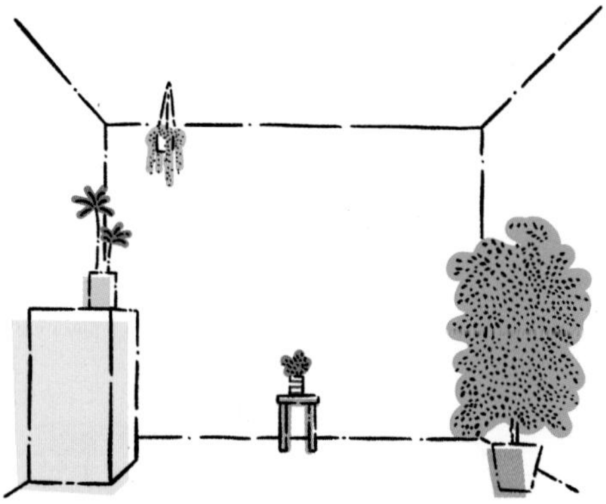

식물은 원래 뿌리내린 장소에서 움직이지 않기 때문에 두는 곳을 자꾸 바꾸면 환경 변화로 인한 스트레스로 상태가 안 좋아집니다. 한여름과 한겨울의 열이나 추위를 피하기 위한 이동을 제외하고 장소를 정하면 자꾸 옮기지 말고 그 자리에서 키웁니다.

BASIC

부재중 주의해야 할 4가지 포인트

여름방학이나 겨울방학과 같은 식물에게 가혹한 시기에 황금 연휴가 겹쳐 집을 비우다보면, 식물이 시들어버리는 경우가 많습니다. 부재중일 때 특별히 주의해야 할 것은 4가지. 단, 3일 이상 집을 비운다면 다른 사람의 도움을 받아야 합니다.

1 물을 고갈시키지 않는다

부재중에 흙이 바싹 말라버려서 집에 돌아오니 잎이 전부 떨어져 있었다는 사례도 적지 않습니다. 나가기 전에 흙이 마르지 않았는지 꼭 확인하고 부재중에 고갈될 것 같으면 미리 물을 줍니다. 자동 급수기를 사용하면 안심입니다.

2 온도 변화를 최소한으로 한다

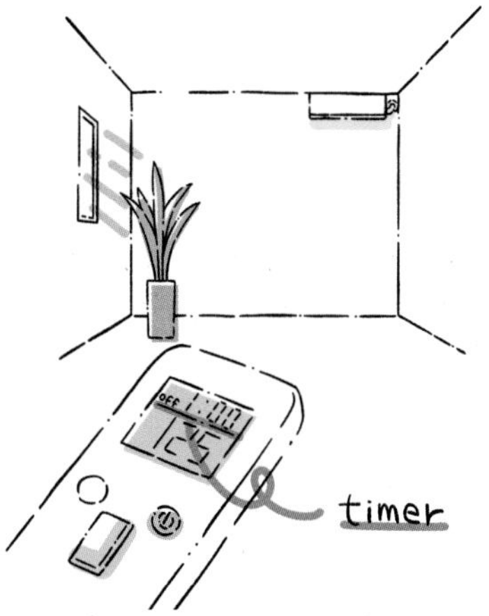

실내가 급격하게 고온 · 저온이 되면 뿌리가 손상되어 식물이 축 늘어집니다. 타이머를 이용하여 여름에는 에어컨을 작동시켜 온도를 조절합니다. 또 가능한 햇빛이 약하게 들어오는 장소에 둡니다.

3 공기가 정체되지 않게 한다

밀폐 공간에서 공기가 정체된 상태가 오래 지속되면 식물에게 큰 부담이 됩니다. 방마다 문을 열고, 환기구도 열고 환풍기도 작동시킵니다. 서큘레이터가 있다면 방 전체의 공기가 흐르도록 켜주세요.

4 폭염기에는 과감하게 집 밖에 둔다

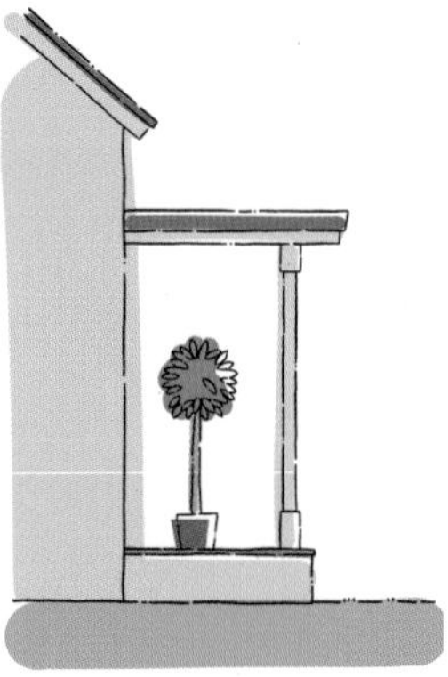

실내에서는 어떤 대책을 세워도 여름철 폭염기 대응에는 한계가 있습니다. 실외에 직사광선이 닿지 않는 장소가 있다면 차라리 꺼내두는 것도 효과적입니다. 급격한 온도 변화를 피할 수 있어 뿌리 손상의 위험을 줄일 수 있어요.

여름과 겨울에 주의해야 할 것

식물을 키울 때 가장 주의해야 할 계절이 한여름과 한겨울입니다.
더위나 추위 등 큰 변화는 식물에게 큰 괴로움을 주며 잎 화상 등을 일으킵니다.
일상생활에서 놓치기 쉬운 환경의 변화와 여름과 겨울에 주의해야 하는 포인트를 알려드립니다.

1 여름에 주의해야 할 포인트

열과 더위에 주의합니다. 사람이 햇빛에 화상을 입는 것과 마찬가지로 식물도 커튼이 없는 창가에 두거나 물을 주기 위해 잠깐 밖에 내놓는 것만으로도 햇빛 때문에 잎이 타버리는 경우가 있습니다.

한번 타서 변색된 잎은 원상태로 돌아오지 않아 가지치기할 수밖에 없으므로 잎화상에는 충분한 주의가 필요합니다. 또 여름에는 더위로 흙이 금방 마르기 때문에 물마름이 되지 않도록 주의합니다. 물마름을 막으려면 흙의 마른 상태를 부지런히 확인하는 것이 가장 좋습니다.

물마름의 경우 '아침에는 평소와 같았는데 집에 돌아와보니 축 꺾여있었다'는 이야기를 많이 듣습니다. 외양은 변화가 없어 보여도 자세히 보면 흙이 바싹 말라서 낮 동안의 더위를 견디지 못한 상태입니다. 여름철에는 특히 아침 시간에 흙의 마른 상태를 확인하는 것을 습관화하면 좋습니다

2 겨울에 주의해야 할 포인트

물 주기와 공기의 건조에 신경을 씁니다. 물은 반드시 실내에서 줍니다. 잠깐 외부의 냉기에 노출되는 것만으로 손상을 입을 수 있어요. 또한 의외로 겨울에 많은 것이 물마름입니다. '겨울은 휴면기이므로 물을 적게 주어야 한다'고 생각해서 방치했다는 분이 많습니다. 하지만 물 주기의 기본인 '흙이 말랐으면 흠뻑 준다'는 겨울철에도 변하지 않습니다. 흙이 말랐다면 확실하게 물을 주세요. 난방으로 방이 따뜻하다면 초봄과 같은 정도의 빈도로 물 주기를 해야 할 수도 있습니다.

또, 공기가 건조하면 티끌이나 먼지가 잎에 쌓이기 쉬우므로 자주 닦아주고 잎에 물도 분무해주세요. 잎에 오염이 쌓여있으면 광합성이 어려워져 체력이 약해질 수 있습니다. 또 건조와 더러움은 응애가 달라 붙기 좋은 환경이기도 합니다. 겨울철은 일조량이 적고 그 시간도 얼마되지 않아 식물의 체력이 감소하는 시기. 하지만 이런 작은 수고가 튼튼하게 겨울을 넘길 수 있는 힘이 됩니다.

BASIC

병해충 예방과 대책

식물의 생장을 저해하는 것은 주로 벌레와 질병. 식물 품종에 따라 생기기 쉬운 벌레와 잘 걸리는 병은 다르지만 가장 대표적인 것을 소개합니다.
'잘 관찰하다가 발견 즉시 제거'하는 것이 기본. 그래도 안 될 때 약제를 사용합니다.

벌레

이름	깍지벌레
증상	잎이나 줄기가 끈적끈적해진다.
예방 및 대책	빽빽한 가지와 잎은 정기적으로 정리하여 통풍이 잘되게 한다. 칫솔 등으로 구제하고 약제를 살포한다.

벌레

이름	응애
증상	잎이 하얗게 시든다. 거미줄 같은 게 있다.
예방 및 대책	잎에 물을 분무하여 예방한다. 발견된 포기 전체를 물로 잘 헹궈 내고 건조시킨 후, 약제를 살포한다.

벌레

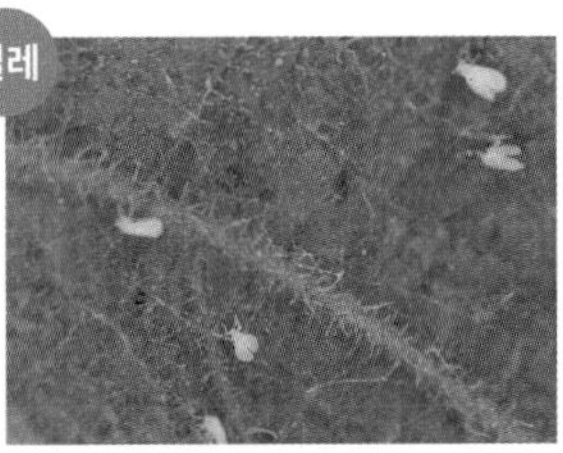

이름	코나지라미
증상	잎 안쪽에 붙는다. 잎이 하얗게 긁힌다.
예방 및 대책	잎에 물을 분무해서 예방한다. 발견된 포기 전체를 물로 잘 헹궈내고 건조시킨 후, 약제를 살포한다.

벌레

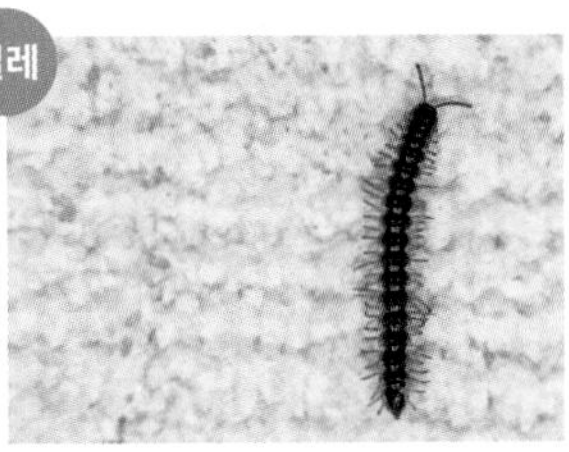

이름	노래기
증상	땅속에서 나온다. 불쾌한 냄새를 풍기기도 한다.
예방 및 대책	약제를 넣은 물을 양동이에 넣고 화분째로 반나절 담가둔다.

벌레

이름	개미
증상	땅 속에서 나온다. 개미집이 생기면 식물 전체가 약해진다.
예방 및 대책	약제를 사용해 방제한다.

벌레

이름	뿌리파리 · 톡토기
증상	땅속에서 나온다. 실내에서 대량으로 발생하면 골칫거리.
예방 및 대책	흙을 잘 말린 다음, 물 주기를 한다. 유기비료를 사용하지 않는다. 적옥토를 흙 위에 깔면 좋다. 뿌리는 살충제 등으로 구제한다.

균

이름	흰곰팡이
증상	흙 위에 흰색 포자 상태의 폭신폭신한 것이 기어가듯이 퍼진다.
예방 및 대책	다습한 곳을 피하고 햇볕을 확보하며 통풍이 잘되게 한다. 흙을 제거하거나 알코올 스프레이를 살포한다.

균

이름	탄저병
증상	잎에 거무스름한 얼룩이 생긴 후, 점점 잿빛으로 변색되면서 바싹 말라버린다.
예방 및 대책	빽빽한 가지와 잎을 정기적으로 가지치기하여 통풍이 잘 되게 한다. 증상이 발견된 가지와 잎은 잘라버린다.

균

이름	갈색 무늬병
증상	잎에 갈색 얼룩이 생기고 그 얼룩이 번지면서 잎이 떨어진다.
예방 및 대책	빽빽한 가지와 잎을 정기적으로 가지치기하여 통풍이 잘 되게 한다. 증상이 발견된 가지와 잎은 잘라버린다.

BASIC

분갈이를 해보자

식물 구입 후, 가장 먼저 하는 것이 분갈이 작업.
모종 상태로 구입한 것도 이 순서로 분갈이하면 됩니다. 또한 식물을 더 크게 키우고 싶을 때도 필요한 작업입니다.
분갈이는 식물에게 무척 힘든 일이므로 확실히 이해한 다음에 진행합니다.

※ 이미 옮겨 심어 계속 기르기 알맞은 상태로 판매하는 경우도 있으므로 구입할 때 분갈이가 필요한지 반드시 확인합니다.

1 분갈이는 꼭 필요한가?

화분에서 식물을 키울 경우, 정기적으로 분갈이가 필요합니다. 식물이 건강하게 자랄 수 있도록 화분 속 환경을 재편성하는 것이 목표입니다.

한정된 공간에 흙과 뿌리가 들어있기 때문에 시간이 지나면서 화분 속이 뿌리로 가득 차게 되어 환경이 나빠지고 생육 불량으로 이어집니다. 뿌리가 자라서 뿌리막힘 상태가 되면 산소와 미네랄을 충분히 흡수하지 못해 얼마 지나지 않아 시들어버립니다. 또 흙에 함유된 영양분은 물과 함께 뿌리로 흡수되기 때문에 시간이 지날수록 적어집니다.

이러한 상태가 지속되면 잎 색깔이 연해지거나 새싹이 제대로 나오지 못하거나 잎이 떨어지기 시작하는 등 문제가 생깁니다. 이런 상황을 개선해주는 것이 분갈이입니다. 정기적으로 분갈이를 해주면 뿌리가 건강하게 자라고, 좋은 가지와 잎이 나와서 보기 좋은 외형을 유지할 수 있습니다.

2 이럴 때 분갈이를 한다!

식물이 크게 생장하면서 불안정해졌다, 구입한 지 2년이 넘었다, 바닥으로 뿌리가 튀어나와 있다, 흙이 줄어서 물을 주면 바로 화분 바닥으로 흘러나온다, 반대로 물을 줘도 좀처럼 화분 바닥으로 물이 나오지 않는다(※)등. 이 중에 하나라도 속하는 것이 있다면 분갈이 시기입니다.

※ 3호(지름 약 9cm)~6호(지름 약 18cm) 화분의 경우(지름 약 21cm) 1분 이내, 7호 이상에서 2분 이내 정도가 기준입니다.

3 분갈이 시기는 봄부터 가을의 생육기

분갈이는 사람으로 치면 수술과 같은 것이기 때문에 체력이 받쳐주는 생육기에 합니다. 5월~9월, 기온이 20~30도 정도인 따뜻한 시기가 적기. 한여름이나 한겨울, 상태가 불량할 때 분갈이를 하면 몸살이 나기 쉬우므로 피합니다.

실전 분갈이 과정

1 바로크 벤자민, 흙, 화분 바닥돌, 원예용 장갑, 행주, 화분, 삽, 화분 바닥망, 나무젓가락, 적옥토(중립)

2 화분의 배수구멍에 바닥망을 올려 놓고 화분의 10% 정도의 바닥돌을 그 위에 넣는다.(배수가 잘 되도록)

3 화분 바닥돌이 보이지 않을 만큼 흙을 넣은 다음, 식물을 넣어보고 높이를 확인한다. 뿌리가 너무 뻗어나간 것 같으면 이 시점에서 가볍게 풀어 둔다.

4 화분 위에서 2~3cm 정도 아래 위치까지 (워터 스페이스가 됨) 흙을 넣어 준다.

5 나무젓가락으로 찌르면서 흙을 안쪽으로 차곡차곡 보낸다. 이때 뿌리가 상하지 않도록 화분 가장자리를 따라 밀어 넣는다.

6 한번씩 화분을 살짝 들었다가 가볍게 툭툭 떨어뜨려 흙을 내려 보낸다.

7 흙을 다 넣었으면 그루터기 부분을 손가락 끝으로 꾹꾹 눌러 흔들리지 않게 고정시킨다.

8 마지막으로 위쪽에 적옥토를 깐다. (예쁘게 장식하고, 벌레 발생을 억제하기 위해)

9 화분 바닥으로 흘러나올 정도로 물을 흠뻑 주면 완성. 분갈이한 후, 뿌리가 안정될 때까지(약 2주간) 비료는 주지 않는다.

가지치기를 해 보자 (수형 관리)

가지와 잎을 잘라내는 작업을 가지치기라고 합니다.
화분에서 식물을 키운다면 피할 수 없는 작업이지요.
비교적 어려운 작업이지만 기본을 이해하고 그 식물에 맞는 가지치기를 해 보세요.
가지치기를 통해 건강하고 아름답게 키울 수 있어요.

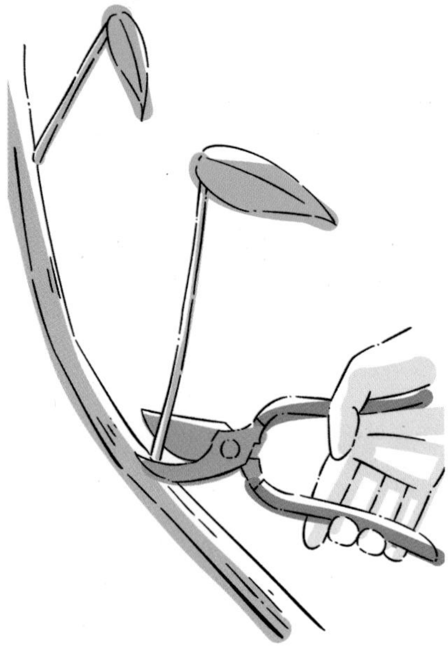

1 가지치기란 무엇인가?

가지치기는 불필요한 가지와 잎사귀, 또 마른 가지를 잘라 통풍이 잘되도록 하는 것을 말합니다. 식물을 오래, 건강하고 예쁘게 키우려면 필요한 작업입니다. 식물이 건강하게 자라려면 원활한 통풍이 중요한데 식물을 오래 키우다 보면 생장과 함께 가지와 잎이 자라서 무성해집니다. 그러면 통풍이 잘 되지 않아 병해충이 발생하기 쉬운 환경이 되어버립니다.

정기적으로 가지치기를 해주면 병해충을 예방할 수 있습니다. 또 가지치기를 통해 뿌리에서 올라오는 영양이 새싹이나 기존 가지와 잎으로 효율적으로 전달되어 새로운 잎이 돋기 쉬워집니다. 게다가 헝클어진 수형도 다듬어지므로 보기 좋은 수형을 유지할 수 있어요. 시기는 5~7월경이 적기입니다. 추울 때는 손상이 올 수 있으니 피합니다. 습도가 높은 날에는 자른 부분이 잘 마르지 않아 세균이나 곰팡이가 생기기 쉬우므로 화창한 날에 하세요.

2 가지치기는 과감하게 한다

모처럼 자란 가지나 잎을 잘라 버리는 게 안쓰럽다고 몇 년 동안 가지치기를 하지 않는 분들이 있는데 가지치기는 화분에서 기르는 식물의 신진대사에 반드시 필요하므로 과감히 시도해보세요. 가지치기 후에 돋는 새싹도 귀엽답니다.

3 가지치기할 때의 주의점

가지치기 과정에서 수액이 나오는 경우가 있는데 천남성과 식물이나 휘카스류 같은 종류는 수액에 손이 직접 닿으면 염증이 생길 수 있어요. 장갑을 끼거나 수액에 닿지 않도록 조심하면서 작업하세요.

실전 가지치기 과정

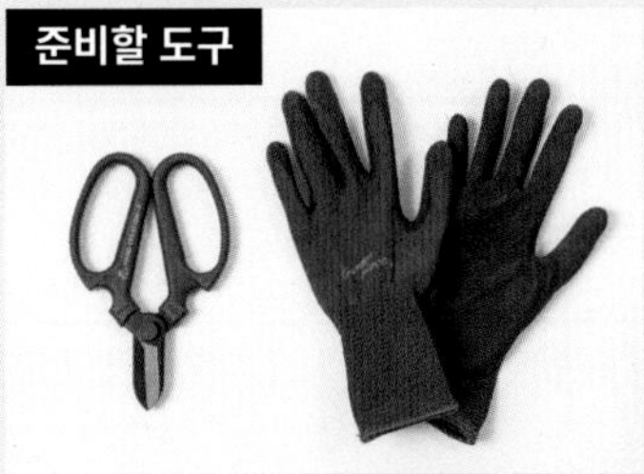

1 / 원예용 가위, 원예용 장갑

2 / 가지치기 하기 전의 아마존 올리브. 새싹이 가득 돋아 지나치게 무성한 모습. 가지치기로 깔끔하게 다듬어 바람이 잘 통하게 해준다.

3 / 가지치기 후의 전체적인 모습을 대충 그려본 다음 가지치기를 시작한다. 시판 식물은 주간(제일 굵은 줄기)의 생장점(※)이 잘려있는 경우가 많으므로 자라난 가지와 잎의 어느 부분을 자르든 기본적으로는 문제가 되지 않는다.
※식물의 뿌리나 줄기의 끝부분에 있는 세포분열을 하는 부분

4 / 자를 때는 잎 바로 위에서 자르도록 한다. 잘라 낸 바로 밑에서 새싹이 나오므로 자랐을 때의 형태가 좋아진다.

5 / 꽃꽂이할 때처럼 비스듬하게 자를 필요없이 똑바로 자른다.

6 / 정면에서 봤을 때 줄기가 보이는 것이 아름다운 수형이므로 무성한 부분은 밑 부분부터 가지치기 해나간다.

7 / 같은 방향으로 뻗은 가지는 가장 긴 가지를 잇따라 잘라나간다.

8 / 세부적으로 신경쓰이는 곳을 가지치기하고 마무리를 위해 미세하게 조절해준다.

9 / 가지치기 완성. 무성하던 부분이 정리되어 통풍이 원활해진 상태. 가지치기는 흩날리는 머리카락 이미지로 계속 잘라나간다. 일반적으로는 전체 양의 1/3 정도를 자른다는 느낌으로 가지치기한다.

QUESTION

자주 하는 질문

실제 고객들이 매장으로
자주 하는 질문을 FAQ로 정리해두었습니다.
식물의 상태를 관찰하다가
뭔가 달라진 것을 느꼈을 때 참고하세요.

Q 잎이 끈적끈적해졌어요.

깍지벌레라는 벌레가 생겼을 가능성이 있습니다. 단단한 갈색 껍데기로 덮인 공벌레같은 것, 하얀 솜모양인 것 등, 형태가 다양합니다. 관엽식물에 생기는 벌레 중, 가장 흔한 것이 이 벌레입니다.
잎뒷면이나 가지 사이 등 찾기 어려운 곳에 숨어 끈적끈적한 배설물을 떨어뜨립니다. 칫솔 등을 이용하여 문질러 긁어내고 그래도 떨어지지 않으면 스프레이 타입의 전용 약제를 사용합니다. 화분 흙에 뿌려 방제를 할 수 있는 과립형 약제를 사용하면 재발이 방지됩니다.

Q 나뭇잎 색이 연하게 빠진 것 같은 느낌이 듭니다.

잎응애가 생겼을 가능성이 높습니다. 응애는 잎 이면에 기생하며 양분을 흡수합니다. 그러면 그 잎은 빨린 부분의 엽록소가 빠지면서 잎사귀 전체가 뿌옇게 보이기 시작합니다. 잎응애는 눈에 잘 보이지 않지만 잎을 만져보면 티끌 같은 느낌으로 까칠까칠하고 손가락에 갈색 그을음 같은 것이 묻어납니다.
잎응애는 번식 속도가 빠르므로 발견 즉시 포기 전체를 물 세척으로 닦아내고 분무 타입의 약제로 제거합니다. 약제는 여러 번 반복하여 사용하는 것이 효과적입니다.

Q 너무 길게 자란 가지를 잘라도 되나요?

잘라도 됩니다. 오래된 가지나 방해되는 가지를 정기적으로 가지치기해주면 새싹도 돋기 쉬워집니다. 가지치기의 적기는 생육기인 봄과 여름입니다. 가지치기는 '마른 가지', '너무 뻗은 가지', '빽빽한 가지'를 중심으로 해주세요.
전체의 2/3 정도의 가지와 잎만 남긴다는 느낌으로 가지치기를 하면 좋습니다. 가지를 잘못 잘라도 정원수와 달리 시기가 틀리지 않았다면 시들지 않습니다(야자류는 줄기 끝에 생장점이 있기 때문에 줄기를 자르면 시들해지니 주의합니다)

Q 노랗게 되거나 얼룩이 생긴 잎은 어떻게 처리하면 될까요?

생육기인 봄에서 가을이라면 가지치기를 해주세요. 겨울철엔 체력이 약하므로 가능한 가지치기는 봄에 합니다.

Q 나뭇잎 끝이 갈색으로 변해요.

야자류나 드라세나류 등에 많이 발생하는 현상으로 공기 건조나 물 부족이 원인입니다. 물 주기 빈도를 높이거나 잎에 자주 분무합니다. 또 한여름의 강한 햇살이나 에어컨 바람 때문인 경우도 있으므로 이 부분도 다시 확인합니다. 갈색으로 변한 부분은 가위를 비스듬히 대고 가지치기를 해줍니다.

Q 수많은 작은 벌레가 화분 주위로 날아다니고 있어요.

흙에서 뿌리파리가 발생했을 가능성이 있습니다. 뿌리파리는 흙 밑으로 2~3cm 층에 숨어있다가 수분에 반응하여 부화해서 흙 위로 나옵니다.
물을 주고 1~2분 기다리면 흙에서 나오기 때문에 원예전용 살충제를 직접 벌레에 살포합니다. 없는 경우에는 모기, 파리용 스프레이 살충제도 괜찮습니다. 이때 잎이나 줄기에서 20cm 이상 떨어진 상태에서 분무해야 합니다.
흙 속에 알이 남아있을 수도 있으므로 흙 표면에서 2~3cm를 제거하고 버립니다. 흙이 줄어든 분량만큼 관엽토나 적옥토 등을 추가합니다. 습도와 영양이 있는 흙에서 잘 발생하기 때문에 분갈이 후에 발생하는 경우도 많습니다. 예방법은 멀칭을 흙 위에 계속 올려놓지 않는 것과 바람이 잘 통하게 하는 것입니다.

Q 줄기가 옆으로 기울어졌는데 어떻게 하면 좋을까요?

식물이 생장하며 위쪽이 무거워지거나 흙이 메말라 적어지면 한쪽으로 기우는 경우가 있습니다. 봄 가을 분갈이 시기라면 화분에서 꺼내 다시 똑바로 심어주세요. 이때 화분이 작은 것 같으면 한 둘레 더 큰 화분을 준비합니다.
분갈이 시기가 아니라면 버팀목을 세워서 보강해주거나 흙을 보충하여 단단하게 다잡아 줍니다. 너무 많이 자라서 잎 무게로 인해 기우는 경우 생육기라면 가지치기합니다.

Q 계속 같은 크기를 유지하는 식물을 원해요.

식물은 생물이기 때문에 생장 속도의 차이는 있어도 조금씩 커지기 마련입니다. 가지치기를 하면서 집에 놓기 쉬운 크기로 조절해가며 키우세요.

Q 어둡고 추운 현관이나 화장실에 식물을 두면 안되나요?

놓지 않는 것이 좋습니다. '햇빛', '통풍', '적절한 온도'가 없으면 식물은 제대로 자라지 못하고 금방 시들어버립니다. 인테리어 소품으로 꼭 장식하고 싶다면 평상시에는 밝은 곳에서 키우다가 손님 방문 시에만 잠깐 이동시키거나 조화를 이용하는 것이 좋습니다.

Q 드라세나의 아래쪽 잎사귀들이 갈색으로 변하고 있는데 괜찮을까요?

드라세나는 몸통 중앙에서 새순이 나오고 오래된 아래쪽 잎부터 갈색이 되며 떨어지는 성질이 있습니다. 통상적인 신진대사이므로 걱정할 필요없습니다. 갈색이 된 것은 밑둥부터 잘라내버리세요.

Q 버섯이 자랐어요.

식물에 직접 악영향을 주는 것은 아니지만 제거하세요. 곰팡이 대책과 마찬가지로 계속해서 관찰하고 발견 즉시 제거합니다. 흙이 항상 축축하거나 흙 위쪽 공기의 흐름이 나쁘면 발생하기 쉬워요.

Q 꽃이 피었는데 어떻게 할까요?

어느 정도 즐긴 후에는 가지치기합니다. 꽃이 피어있으면 체력이 소모되기 때문에 잎이 노랗게 되거나 떨어질 수 있습니다. 또 꽃이 지면 비료를 주는 것이 좋습니다.

Q 잎에 얼룩이 생기고 뚝뚝 떨어집니다.

물을 너무 많이 주었다, 어두운 장소에 두었다, 잎이 벽에 닿아있다, 잎이 너무 무성하다 등을 의심해볼 수 있습니다. 짐작되는 원인이 있는지 확인해보세요. 벽 가까운 곳이나 방구석에 두면 벽 쪽으로 빛과 바람이 들어가기 힘들기 때문에 벽 쪽의 줄기와 잎의 상태가 나빠집니다. 가끔씩 방향을 바꿔주거나 벽에서 약간 떨어뜨려 놓으면 해결될 수 있습니다.

Q 잎이 전부 떨어져버렸는데 아직 살아있는 것일까요?

잎이 다 떨어졌다면 그 원인은 뿌리 썩음이나 물 부족일 가능성이 높습니다. 줄기를 만졌을 때 단단하게 휘어진다면 아직 물이 지나가고 있다는 뜻이므로 살아날 가능성이 있습니다. 반대로 하얗고 거칠거칠해졌거나 거무스름하게 변색되면서 물러졌다면 소생하기 힘든 상태입니다.
만약 가지 끝에 새싹이 고운 연둣빛으로 남아있다면 걱정할 필요없습니다. 뿌리가 썩었다면 다시 살리기 어렵지만 물 부족이라면 물을 주면 다시 새싹이 돋는 경우도 많습니다. 우선 줄기의 상태를 관찰하여 상황을 판단해보세요.

Q 흙에 곰팡이 같은 하얀 것이 보여요.

아마도 곰팡이일 것입니다. 제거하세요. 균이므로 주위에 계속 남아있을 수 있습니다. 계속 관찰하고 발견되면 제거해주세요. 흙이 늘 습하거나 흙 위쪽 공기의 흐름이 나쁘면 발생하기 쉽습니다.

Q 잎 색깔이 옅어졌습니다.

일조량 부족이나 뿌리 손상을 생각할 수 있습니다. 그 식물에 맞는 일조량이 확보되어 있는지 확인하세요. 어두운 경우에는 가능한 밝은 장소로 옮깁니다. 뿌리 손상의 경우에는 줄기나 가지의 색감이 거무스름해집니다. 물 주기를 중지하고 일단 완전히 흙을 말린 후에 물을 줍니다.
이때 흙이 속까지 완전히 말랐는지 손으로 만져보거나 화분을 들어 무게를 확인해보세요.

Q 식물이 들어있는 화분이 작은 것 같습니다. 더 큰 것으로 바꿔줘야 할까요?

화분 바닥으로 굵은 뿌리가 나오지 않았다면 그대로 둬도 괜찮습니다. 화분에서 자라는 식물은 '흙이 마른다', '물을 준다', '노폐물을 흘려 내보낸다'라는 사이클이 빠를수록 생육환경이 좋다고 여겨지며 화분은 너무 크지 않은 것에 키우는 것이 좋다는 것이 학설입니다. 흙이 너무 많으면 잘 마르지 않아 물 주기까지의 사이클이 늦어지면서 뿌리 썩음 등을 일으키는 원인이 됩니다.

Q 다육식물이 녹아버렸어요. 원인이 무엇일까요?

물을 줄 때 몸통에 뿌렸거나 출창과 같은 더운 곳에 두어서 공기가 정체되면 생길 수 있는 현상입니다. 물을 줄 때는 흙에만 뿌려주세요. 몸통이 흙을 다 덮고 있는 경우에는 큰 양동이 등에 물을 채우고 화분이 반쯤 잠기도록 넣어 화분 바닥으로 물을 빨아들이게 합니다.

30분 정도 지나면 물을 흡수하여 묵직하게 무거워집니다. 또 다육식물은 통풍이 되지 않는 생육환경에서는 제대로 크지 못하는 것이 많습니다. 바람이 통하도록 자주 환기해주세요.

Q 초본류 식물인데 몸통 전체가 축 처져버렸어요.

잎사귀나 그루터기 색깔이 거무스름해졌거나 물러졌다면 뿌리 손상입니다. 이렇게 되면 다시 살리는 것은 역부족. 잎이 노랗게 변했거나 원래 색깔은 유지한 채 축 늘어졌다면 물마름의 가능성이 높습니다.

잎을 들어 올리고 신문지를 이용하여 몸통 전체를 통 모양으로 감싼 다음 양동이 등에 물을 채우고 화분의 반 정도까지 잠기도록 담가 화분바닥을 통해 물이 흡수되도록 합니다. 묵직해지면 양동이에서 꺼내서 상태를 봅니다. 대부분의 경우, 한나절에서 하루 정도면 잎이 위로 올라가기 시작합니다.

Q 식물을 키우고 싶은데 아이가 어려서 화분을 넘어뜨릴까봐 걱정입니다.

벽에 걸거나 천장에 매달아서 키울 수 있는 식물을 추천합니다. 또 아이 손이 닿지 않는 선반 위 등에 작은 화분을 장식하는 것만으로도 집안 분위기가 확 달라집니다. 흙이 필요 없는 에어플랜트도 좋겠네요.

Q 같은 장소에서 여러 번 식물을 키웠는데 그때마다 모두 시들어버렸어요.

환경에 문제가 있을지도 모릅니다. 일조량이 충분한지, 통풍에 잘되는지, 물 주는 방법은 적당했는지 등을 다시 한 번 확인해보세요. 또한 식물에 따라서 밝은 곳을 좋아하는 것, 반응달을 좋아하는 것 등 다양합니다. 가까운 화원을 방문하여 상담 받는 것도 좋은 방법입니다.

Q 분갈이를 했더니 식물이 축 늘어지고 기운이 없어졌어요.

분갈이로 인한 뿌리 손상 또는 제대로 심지 못해 식물이 물을 흡수하지 못하는 상태일 수 있습니다. 분갈이 시기는 봄과 가을이므로 한여름이나 한겨울에 작업을 했다면 더위나 추위로 뿌리가 손상될 수 있습니다. 또 옮겨 심을 때 뿌리 주위로 흙이 제대로 밀착되지 않으면 뿌리가 물을 흡수하지 못해 축 늘어집니다.

이때는 막대기 등으로 화분의 가장자리를 찔러 흙을 아래쪽으로 밀어 넣은 후, 흙을 보충하여 다져줍니다. 분갈이 이후에 기운이 없다고 다른 화분으로 다시 옮겨심거나 비료를 주는 것은 식물을 더 상하게 하므로 주의합니다. 따스하고 바람이 잘 통하는 장소에서 키웁니다.

Q 화분 크기는 어떻게 표시하나요?

화분의 크기는 '호'로 표시합니다. 화분 호수×3cm가 지름이지요. 3호는 9cm, 4호는 12cm입니다. 모종용 화분은 대부분 3호입니다. 인터넷으로 식물이나 화분 등을 구매하는 경우가 많은데 반드시 호수를 잘 확인하세요.

그 자리에
식물 하나
있는 것만으로

1쇄 펴낸날 2021년 10월 25일

지은이 식물전문점 그린인테리어
옮긴이 김수정
펴낸이 정원정, 김자영
편집 홍현숙
디자인 김아란

펴낸 곳 즐거운상상
주소 서울시 중구 충무로 13 엘크루메트로시티 1811호
전화 02-706-9452
팩스 02-706-9458
전자우편 happydreampub@naver.com
인스타그램 @happywitches
출판등록 2001년 5월 7일
인쇄 천일문화사

ISBN 979-11-5536-170-2